大规模场景图像的情感语义分析

若干关键技术研究

曹建芳 著

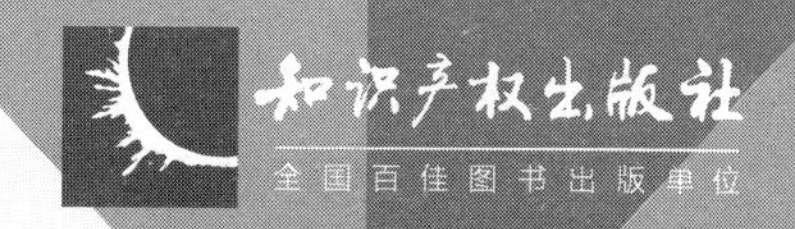

图书在版编目（CIP）数据

大规模场景图像的情感语义分析若干关键技术研究 / 曹建芳著. —北京:知识产权出版社，2018.1

ISBN 978-7-5130-5295-5

Ⅰ. ①大… Ⅱ. ①曹… Ⅲ. ①图象处理软件 - 研究 Ⅳ. ①TP391.413

中国版本图书馆CIP数据核字(2017)第291916号

内容提要

本书围绕场景图像的情感语义理解展开研究，从情感语义数据的获取、自动标注、情感语义类别的预测及大规模场景图像数据的高效检索等方面进行了探讨和研究，系统地阐述了场景图像情感语义分析的关键技术。从理论上，对场景图像蕴含的情感语义进行了抽象、分析和形式化表示；在实践上，搭建了实验平台进行了验证和分析，为各类图像数据的情感语义理解提供了新的思路和途径。全书集理论、技术、方法及实践于一体，具有较强的理论性和实践性，反映了当前该理论的最新研究成果。

本书可作为计算机科学与技术相关专业的本科生及硕士生教材，对相关领域的研究人员和工程技术人员也有较高的参考价值。

责任编辑：彭喜英　　**责任出版**：刘译文

大规模场景图像的情感语义分析若干关键技术研究

DAGUIMO CHANGJING TUXIANG DE QINGGAN YUYI FENXI RUOGAN GUANJIAN JISHU YANJIU

曹建芳　著

出版发行：知识产权出版社有限责任公司　　**网　址**：http：// www. ipph. cn
电　话：010 - 82004826　　http：//www. laichushu. com
社　址：北京市海淀区气象路50号院　　**邮　编**：100081
责编电话：010 - 82000860转8539　　**责编邮箱**：pengxyjane@163.com
发行电话：010 - 82000860转8101　　**发行传真**：010 - 82000893
印　刷：北京嘉恒彩色印刷有限责任公司　　**经　销**：各大网上书店、新华书店及相关专业书店
开　本：720mm×1000mm　1/16　　**印　张**：8.75
版　次：2018年1月第1版　　**印　次**：2018年1月第1次印刷
字　数：116千字　　**定　价**：42.00元

ISBN 978 - 7 - 5130 - 5295 - 5

前　言

随着多媒体技术、互联网技术及社交网络的迅速发展，人们可以访问的信息资源空前丰富。图像数据因其形象直观、蕴含信息综合性强等特点，应用领域逐渐增多，其数量更是以惊人的速度增长。但图像数据本身结构的复杂性、蕴含信息的多样性及时空的多维性导致如何有效组织和管理大规模图像数据、快速检索用户需求的图像成为学术界的研究热点。为此，图像的情感语义分析和检索技术应运而生，它综合人工智能、计算机视觉、模式识别、心理学及数据库管理等领域的相关知识，对图像数据蕴含的高层情感语义进行分析，旨在获得图像蕴含的内在情感语义信息，建立实用性强的图像检索系统。因此，对图像进行情感语义分析和高效检索技术的研究有着广阔的应用前景和实用价值。

本书以场景图像为研究对象，对SUN Database中的各类场景图像进行有针对性的情感语义分析和检索方法研究。从建立开学行为学实验环境下的场景图像情感语义数据获取平台开始，选择并改进了OCC情感模型，分析了场景图像语义理解方面存在的语义模糊性问题，采用粒子群（PSO）算法优化BP神经网络的权值和阈值，并由Adaboost算法组合15个BP神经网络的输出结果，构建强预测器，对场景图像的情感语义类别进行预测，搭建了适合大数据处理的基于MapReduce并行编程模型的场景图像检索平台，系统地研究了场景图像的情感语义分析和检索方法。

全书共分为七章：第1章是绪论，介绍了场景图像情感语义分析的研究现状和本书的研究内容、组织结构；第2章介绍了大数据处理与图像检索之间的关系；第3章探讨了开放行为学实验环境下的场景图像情感语义分析方法；第4章研究了基于模糊理论的场景图像情感语义标注方法；第5章对基于Adaboost-PSO-BP神经网络的场景图像情感语义类别预测算法进行了探讨；第6章研究了基于MapReduce并行编程模型的大规模场景图像检索技术；第7章对本书的研究工作进行了总结和展望。

值本书出版之际，我要特别感谢我的博士生导师陈俊杰教授，他不仅在学术上给予我悉心的指导，而且在工作和生活方面也给了我无私的帮助，在这里谨向恩师表示真挚的感谢和诚挚的敬意！同时感谢忻州师范学院计算机系的领导和老师们，在他们的支持、鼓励和帮助下，我顺利地完成了本书的撰写工作！

本书的出版得到了山西省自然科学基金（No. 201701D121059）和山西省教育科学”十三五“规划课题（No. GH-17059）的资助，在此一并表示感谢！

本书的内容中有一部分内容反映了场景图像情感语义分析和检索的最新研究成果、研究方法和研究动向，在理论体系和方法上均有创新，构建了场景图像情感语义关键技术分析的平台。本书可作为计算机应用技术、信息科学、工程技术等专业高年级本科生和研究生的教材，对相关领域的研究人员和工程技术人员也有重要的参考和使用价值。

由于作者才疏学浅，书中疏漏在所难免，恳请各位专家学者批评指正，并提出宝贵意见。

曹建芳

2017年8月

目 录

第1章　绪　论

场景图像是指在真实环境中，由具有合理空间分布构成的背景和一些分散的物体对象组成的连贯图像，是一类非常常见的图像。伴随着大数据时代的到来，场景图像作为蕴含丰富语义信息的载体，其数量呈爆炸式增长，传统的图像特征提取及检索方法已经显得力不从心，我们迫切需要从情感语义的层面分析场景图像并对其进行情感语义检索。本章主要介绍了场景图像情感语义分析及检索的研究背景和意义、国内外研究现状及本书的主要工作。

1.1　研究背景与意义

1.1.1　研究背景

近年来，随着互联网和多媒体技术的飞速发展，大数据时代悄然而至。全球数字媒体资源数量正以惊人的速度增长，每天都会产生数以万兆字节的图像。作为一种蕴含丰富语义的信息载体，图像蕴藏着比文本更丰富的信息，其本身易于超越文化、种族和时间障碍，传递更丰富的情感和意境。因此，如何使用计算机提取图像的情感语义信息因其直接影响图像的检索效率而在众多的研究和应用领域引起了广泛关注。为了有效地组织和管理这些海量的图像，人们急需获取图像的情感语义检索各类图像库，从而使得检索结果更加符合人们对图像的实际理解。场景图像是人们在日常生活中最常见的一类图像，对其进行情感语义分析和检索技术研究是实现各类图像情感语义检索的基础，其目标是从用户对图像理解的角度出发，即从情感语义层面，迅速、准确地从海量图像数据中找到所需要的图像数据，最终达到满足用户需求的目的。一直以来，对场景图像没有一个统一的定义，比较经典的是Henderson和Hollingworth 1999年在*High-level scene perception*一文中将场景图像定义为“由空间分布合理的背景和离散的物体构成真实环境的连贯图像”[1]。从这个意义上讲，场景图像一般由背景和物体两部分组成。图1-1是SUN Database[2]中已经标注的部分场景图像，可以看出，该数据库只对场景图像中的背景和物体进行了标注，从而也只能按照图像中的背景和物体进行检索。事实上，“触景生情”，当人们看到一幅图像时，就会油然而生不同的情感，从情感层面去理解看到的图像。但目前SUN Database以及其他一些常用图像库、还有一些自建图像库大多是按照图像的背景及图像中包括的物体对象进行标注、分类、检索的，这样导致检索的结果有时会与人们的需求大相径庭。例如，图1-1中的（8）和（9）、（19）和（20），它们的标注结果完全一样，但人们观察这两组图像时，产生的情感和对它们的理解可能是完全不一样的。面对越来越多的场景图像，人们更多地需要分析场景图像的情感语义，实现高效的情感语义检索。

20世纪70年代，主要使用的是基于文本的图像检索（Text-based Image Retrieval，TBIR）方法，利用文本描述的方式表示图像的特征[3]。其本质是手工对图像进行标注，然后利用数据库管理系统的查询机制，用查询关键字与图像库中标注的词语进行匹配完成检索。在早期Internet环境下，百度、Google、Yahoo等搜索引擎采用的都是TBIR技术，优点是使用成熟的文本检索和搜索引擎技术，实现简单；缺点是手工标注的准确性差，不能满足用户对图像原始特征信息的检索，更不会满足用户从情感语义的角度理解图像的需求。其检索流程[3]如图1-2所示。

图1-1 场景图像示例

Fig. 1-1 The Examples of Scene Images

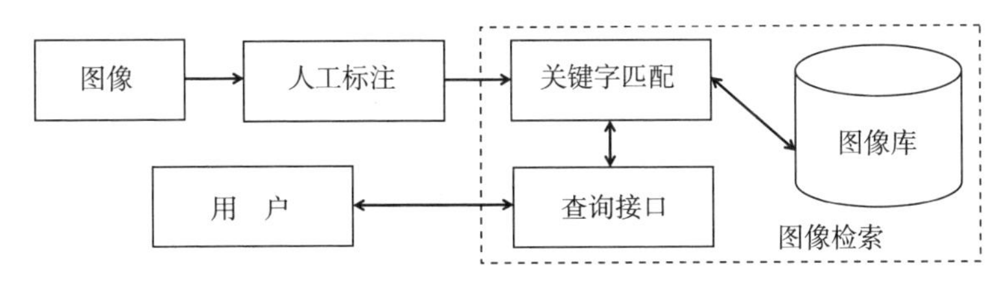

图1-2 基于文本的图像检索流程

Fig. 1-2 The Flow of Text-based Image Retrieval

这种传统的检索技术强调的是文本注解，但文本注解主观性较强，也无法涵盖图像的全部内容，而且随着大数据的发展，人工标注文本的工作量日益增大，因此，TBIR技术逐渐成为其他图像检索技术的辅助手段，而不再是图像检索的主流技术。

为了解决TBIR方法因人工标注带来的问题，1998年10月，国际标准化组织ISO/IEC提出了MPEG-7国际标准——多媒体内容描述接口（Multimedia Content Description Interface）的制定，该标准为各类多媒体数据提供了一种与描述内容相关的标准化描述，大大促进了用户对各类多媒体数据的快速查询和访问[4]。20世纪90年代，基于内容的图像检索技术（Content-based Image Retrieval，CBIR）应运而生，该方法对图像的视觉内容（颜色、纹理、形状等）进行分析并检索图像，其特点是不需要人为干预和解释图像包含的客观视觉特性，而是让计算机自动提取和存储图像特征[5]。图1-3是图像内容的层次模型，CBIR技术利用第2层的低层视觉特征进行检索，特征提取是CBIR系统的基础，在很大程度上决定CBIR系统的成败[6]。当前主要的技术有基于颜色特征的图像检索、基于纹理特征的图像检索、基于形状特征的图像检索和基于空间特征的图像检索等。与TBIR技术相比，CBIR技术在图像研究领域取得了重大突破，它从图像自身的内容出发，更能符合用户的实际需求，因此是目前比较流行的图像检索技术，其关键技术主要集中在研究合理的特征提取方法和相似性度量标准上。

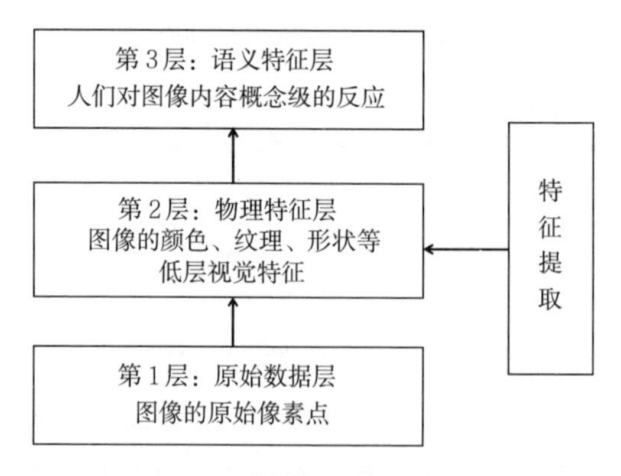

图1-3　图像内容的层次模型

Fig. 1-3　The Hierarchical Model of Image Content

CBIR技术在检索时直接比较图像的低层视觉特征的相似度，并未考虑图像的高层语义，而图像的低层视觉特征与高层语义间存在巨大的“语义鸿沟”（Semantic Gap）（图1-3中第2层和第3层之间的差别），且人们在通常情况下是根据情感语义去观察和理解图像的，从而使得CBIR检索方法在实际应用中无法很好地满足用户需求。要架起“语义鸿沟”的桥梁，必须提取图像的高层语义特征。图像的语义检索主要包括对象语义、空间关系语义、场景语义、行为语义、情感语义及更高层的语义的检索。图像情感语义检索的目的就是使计算机检索图像的能力，达到人对图像的真实理解的水平，对图像进行情感语义分析并研究基于情感语义的检索技术目前是数字图像理解领域的一个研究热点，因此针对这一课题的深入研究具有很高的理论价值和广泛的应用前景。

1.1.2 研究意义

场景图像的情感语义分析是图像高层语义理解、模式识别和计算机视觉领域的重要研究内容，在处理许多实际问题中，如图像标注、分类、检索、人脸识别、室外监控、军事侦察等，都需要对场景图像先分析人的情感行为，提取其情感语义特征，然后再通过特征相似度计算等解决实际问题。场景图像情感语义分析的最终目的是使计算机能够表述人们观察场景图像时引起的情感反应。图像的语义从低到高可分为场景语义、行为语义和情感语义三层，其中，场景语义是指图像中包含的场景（图1-1中的标注结果）；行为语义是指图像中包含的物体的行为及所做的活动（如一场联欢晚会等）；情感语义是指图像给人们带来的主观感受（如愉悦、生气等），它属于图像语义中的最高层语义[7]。图像情感语义特征的提取以图像低层视觉特征为基础，首先，通过相关的图像处理技术提取图像的颜色、纹理、形状和轮廓低层特征，其次，寻找图像低层特征与高层情感语义的相关性，最后，建立低层特征与高层情感语义的映射关系[8]。许多研究学者都在这方面做了一些积极的探讨研究，但一直未找到合理的情感语义分析方法，目前仍是研究的热点和难点。

近年来，数字图像呈几何级数增长，高效的图像检索方法已成为有效组合和管理图像的关键。图像中蕴含丰富的语义信息，人们更多需要按照主观情感检索图像，这就使得图像检索从原来以图像信息内容为核心的检索转变成以情感语义为核心的检索，实现“以人为主导”的数字图像处理技术，其研究内容涉及计算机视觉、图像处理、模式识别、心理学等多个学科领域，是目前数字图像理解领域面临的重要挑战之一。图1-4（a）和（b）是在百度搜索引擎分别键入“太原理工大学”和“愉快的场景图像”时的检索结果，我们可以看到检索结果中许多图像与我们想要的结果差距很大。

图像情感语义检索是数字图像理解领域的高级处理过程，也是图像高层语义自动获取的途径之一，它为人们提供可理解的图像检索，是实现真正实用的多媒体信息检索系统的有效途径。场景图像作为一类最常见的图像数据，研究场景图像的情感语义检索技术是实现其他各类图像情感语义检索的基础，因此有着很强的理论研究价值和广阔的应用前景。

(a)

(b)

图 1-4　百度搜索引擎检索结果示例

Fig. 1-4　The Retrieval Results of Baidu Search Engine

1.2　国内外研究现状

自 20 世纪 90 年代 CBIR 技术诞生以来，国内外研究学者对图像低层和高层特征提取和图像检索技术进行了大量研究和实验，力图找到描述图像的有效特征和高效的图像检索方法。本节将分别介绍图像的情感语义分析和检索技术的研究现状。

1.2.1　图像的情感语义分析

情感问题的研究一直被视为心理学领域的研究内容，随着计算机技术的快速发展，国内外研究学者逐渐将情感问题的研究引入计算机学科中，形成了“情感计算”研究方向。早在 20 世纪 80 年代，美国麻省理工学院的媒体实验室就从计算机对人的情绪及感觉的感知开始了有关情感计算的研究[9]。日本从 20 世纪 90 年代中期进行“感性工程”研究，旨在让计算机处理感性信息，实现“以人为本”[10]。我国于 2003 年 12 月在北京成功举办了“第一届中国情感计算及智能交互学术会议”，正式拉开了我国研究在该领域的序幕[11]。2005年10月，“首届国际情感计算及智能交互学术会议”在北京开幕，围绕人机情感交互展开研讨，进一步推动了情感计算、智能交互这一前沿领域科学研究的发展[12]。对于图像的高层情感语义，其研究在国内外如火如荼，但因情感的抽象性和主观性，图像的情感语义分析有着自身的特点。近年来研究的重难点主要有：①图像情感语义的表示方法及情感建模；②图像情感语义特征的提取。

1.2.1.1 图像情感语义的表示方法及情感建模

心理学家使用“维量”分析方法研究情感问题[13]，施洛伯格提出了情绪的三个维量：愉快—不愉快，注意—拒绝，睡眠—紧张；奥斯古德提出了针对演员的表情的三个维量：愉快—不愉快，强度和控制；弗里达提出了六个维量：愉快—不愉快，激活，注意—拒绝，社会评价，惊奇，简单—复杂；后来普拉奇克使用一个倒立的锥体描述了情绪的复合维模式，刻画了八种情绪（喜悦—悲伤，赞同—反感，预期的—出乎预料的，恼怒—恐惧）和三种维量（强度、相似性和极性）。维量思想在情绪分析中起着重要作用，但其难点是分析维的含义和名称至今没有一个统一的标准。

在计算机领域，研究学者主要研究图像的视觉特征与情感理解的关系及情感的建模。Yuichi Kobayashi等[14]通过实验证明了颜色和方向多分辨率的对比对人的主观感知的重要性。毛峡等[15]通过分析图像的情感特征建立了一个二维波动数学模型，提出了一种图像波动分析方法，对图像给出了和谐感评价，实验证明了符合“1/*f*”波动规律的图像能给人以和谐与美的感觉。王上飞等[16]等从心理学的“维量”思想出发，使用语义量化技术和因子分析方法建立了情感空间。Yoshida等[17]定义了图像的三种情感感受：舒适、杂乱、单调。Sung-Bae Cho等[18]对图像讨论了高兴、沮丧和凉爽三种情感并进行了检索查询。Colombo等[19]根据经验定义了几个常用的形容词（温暖的、清凉的、自然的等）来描述图像的情感，并建立了情感空间。Baek等[20]通过调查问卷的方式确定了52种图像模式及其对应的55种情感因子，建立了情感因子空间定义低层视觉特征与高层情感之间的关系，并进行了度量。Shin Yunhee等[21]建立了一个情感预测系统，对纹理图像预测情感语义，预测准确率可达92%。李娉婷等[22]结合人们对颜色的理解，建立了颜色特征与情感语义的对应关系，提出了一种基于颜色特征的家居设计图像情感分类方法，将家居图像分成清新自然、温馨浪漫、恬静清爽、柔和优雅四个情感类别，使用径向基神经网络（RBF）完成分类。目前在图像情感语义的表示方法上，关键是选取合适的情感形容词描述情感，大多数研究学者都是根据自己的经验定义情感形容词，没有一个标准的表示模式。

情感建模的研究在国内外还处于初级阶段。常见的情感模型有以下几种：基于认知的情感模型、基于概率的情感模型和其他情感模型。OCC模型是典型的基于认知的情感模型，由Andrew Ortony等在他们的*The Cognitive Structure of Emotions*一书中提出，根据事件、目标和动作等评价标准形成22种情感[23]。该模型因易于在计算机上实现而在计算机和心理学领域得到了广泛的认可。Elliott等[24]在1994年又将情感状态扩展成26种。OCC模型为我们提供了一个情感分类的方案和基于规则的情感导出机制，但它仅仅考虑了情感的认知因素，而没有考虑如性格、心情等影响情感的非认知因素。Yasmin Hernandezl等[25]将OCC模型与动态决策网络相结合，提出了改进的OCC模型，更好地描述了人类情感，但仍然没有处理非认知因素。后来也有一些改进的模型被提出来，但都没有彻底解决上述问题。HMM（隐马尔科夫）模型是典型的基于概率的情感模型。Picard[26]于1995年提出将HMM模型应用到情感建模中来。Wang[27]等对基于HMM模型的情感建模方法做了深入细致的研究，取得了一些成果。Chen[28]等结合粗糙集和HMM

模型建立了一个情感模型，描述了静态的情感空间和情感的动态变迁过程。但是由于HMM模型是使用概率来描述情感的，并未考虑产生情感的认知和非认知因素，从而导致相同的刺激，其感知是确定的。实际上，不同的人对于相同的刺激，其感知不一定相同；同一个人在不同的环境下，对于相同刺激，感知也不一定相同。基于概率的HMM情感模型不能很好地处理这些问题。基于维度的情感模型和多层情感模型是其他情感模型的代表。基于维度的情感模型通过假设少量的离散情感和较小的情感变化范围描述情感，使得情感处理简单化，但因其没有考虑非认知因素，应用得较少。在多层情感建模方面，Kshirsagar [29]第一次将性格和情感相联系，提出了一个"性格—心情—情感—表情"多层情感模型，对人的面部表情虚拟合成。Gebhard Patrick[30]进一步PAD空间描述心情，拉近了性格和情感的关系。李海芳等[31]研究了情感与性格、心情衰减的关系，提出了一种多层情感模型。但由于这些模型都不能很好地描述人们复杂的心情，未能处理好人的性格、心情和情感之间的复杂关系，缺乏通用性和实用性。

1.2.1.2　图像情感语义特征的提取

图像特征是对图像属性的描述，图像特征的提取是图像标注、分类、检索的基础。每幅图像都有自己的特征，有的特征是我们视觉直接感受到的（颜色、纹理、形状等），也有的特征是描述图像中包含的对象或场景的，还有的特征是通过人们感知获得的。根据人们对图像理解的层次，可将图像特征分为低层视觉特征、中层语义特征和高层语义特征三个层次。图1-5是图像特征的层次模型。低层视觉特征即图像的视觉特征，是传统的图像分类、检索中常常使用的特征；中层语义特征常用的方法包括语义对象方法、语义属性方法和局部语义概念表示方法；高层语义特征是更加抽象的特征，主要包括场景语义、行为语义和情感语义特征。

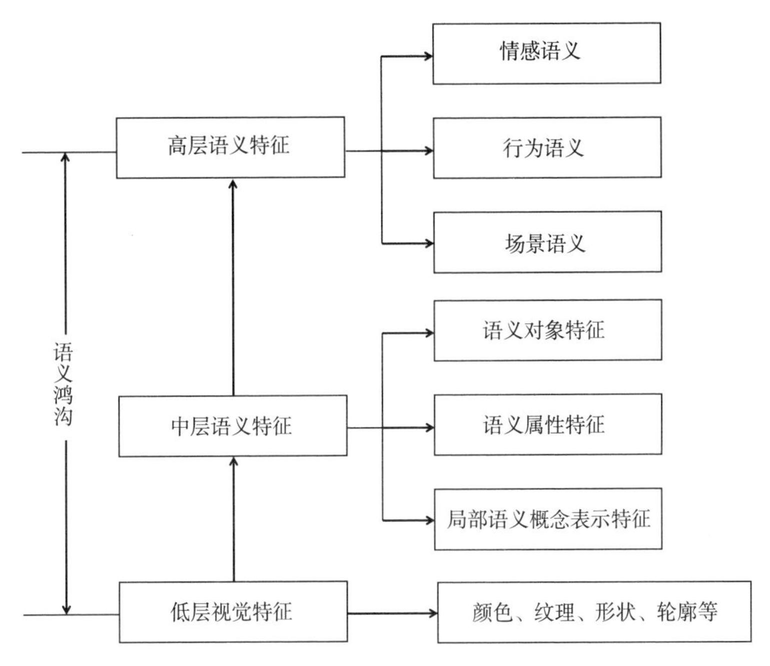

图 1-5　图像特征的层次模型

Fig. 1-5　The Hierarchical Model of Image features

图像低层视觉特征包括全局特征和局部特征两种。常见的表征图像全局特征的有颜色、纹理和形状等。在图像处理过程中，颜色是最重要和敏感的视觉信息，是最基本的特征。由于颜色对于图像的尺寸、方向和视角依赖很小，因而具有很强的鲁棒性。常见的全局颜色特征的提取方法有颜色直方图[32]、颜色矩[33]和颜色熵[34]。这些方法计算简单，但因不包含任何空间信息而经常导致检索出错，因此研究学者也提出一些改进的方法，如改进的颜色直方图、颜色聚合向量、颜色相关图等[35]。纹理是刻画图像相邻像素间灰度空间分布规律的特征，是物体表面共有的内在特性。提取纹理特征的方法主要有结构分析法（共生边界图）[36]、统计分析法（矩阵法）[37]和频谱分析法（Gabor 变换纹理特征提取法）[38]。形状是表征图像属性的另一视觉特征，但因形状的提取以图像的分割为基础，当前的图像分割技术效果并不理想，另外很大一部分图像（如场景图像）并没有明显的形状，因此形状特征一般应用于一些特殊领域中。目前，常用的形状提取方法有基于边界的方法（傅里叶描述子）和基于区域的方法（不变矩、区域面积等）[39]。图像的全局特征提取方便，计算简单，但它无法反映图像某些区域的明显变化，而研究表明，区域特征更能反映图像的本质。尺度不变特征变换（Scale Invariant Feature Transform, SIFT）是在2004年由Lowe提出的最具有代表性的区域特征提取方法，因具有很好的稳定性而得到了广泛的应用[40]。

为减小低层视觉特征和高层语义特征之间的“语义鸿沟”，人们提出了中间语义特征。目前，在图像处理中常用的中间语义特征包括：语义对象特征、语义属性特征和局部语义概念表示特征。语义对象特征就是识别和提取图像中包含的对象来描述图像。Luo等[41]通过提取图像的语义对象特征，使用贝叶斯网络提出了一种基于语义的图像理解方法。江悦等[42]以语义对象特征为基础，构建并提取了图像的上下文金字塔特征，实现了对场景图像的分类。相对于图像的其他语义特征，图像的语义对象特征提取方法简单，易于实现，但它对图像的理解与人们的实际理解还有很大的差距，因此，仅仅通过提取语义对象特征对图像进行语义理解是远远不够的。语义属性特征一般与图像的整体布局和结构紧密相关，常常使用图像的全局统计特性来定义。最具有代表性的是2001年Oliva和Torralba提出的语义属性特征提取方法[43]。他们提出了一种面向场景的地位空间—空间包络，在这个空间定义了五个感知维度（自然度、开阔度、粗糙度、伸展度和险峻度）来表示场景的主要空间结构。该方法提出的语义属性特征计算简单且运算速度快，但其描述比较粗略，易受环境因素的影响，而且对各种变化的适应性较差，因此只能在一些简单的图像处理中获得不错的效果，随着图像数据量的增大和复杂性的增强，这种方法的效果就不理想了。局部语义概念表示特征是通过构建图像局部特征到局部语义概念的映射，再根据语义概念在图像中的布局情况来表示图像语义的，是目前常用的中间语义特征提取方法。局部语义特征的提取以图像的分割为前提。

Mojsilovic 等[44]使用图像的颜色和纹理信息分割图像，然后建立图像分割区域的语义指示器，最后使用语义指示器识别图像的语义。Fan 等[45]提出了自然风景图像的统计建模和概念化，使用概念相关性实现自然风景图像的识别。Julia Vogel 等[46]利用子块的思想分割图像，建立了子块的语义概念模型，实现了对自然风景图像的检索。van Gemert 等[47]使用上下文相关的概念提取了图像的局部语义特征，实现了图像的场景分类。局部语义概念特征在一定程度上能够更好地解释图像，表述图像蕴含的语义，但其产生的主要问题有：①提取图像的局部语义特征需要好的图像分割，目前无论是使用分割算法还是子块的思想都达不到理想的分割效果，因而无法保证获取准确的图像局部语义。②局部语义特征的提取需要预定义一些语义概念，目前语义概念的定义主观性较强，一般是研究者根据经验随机定义，而且语义概念模型需要大量的人工标注，费时费力，自动化程度差。

高层语义特征旨在获取图像的高层语义信息，主要包括场景语义、行为语义和情感语义，是近年来的研究热点。场景语义是图像的内容表示，如草原、乡村等；行为语义是图像所包含的事件信息，如一场比赛、晚会等；情感语义是图像蕴含的情感体现，如高兴、生气等。在图像高层语义特征提取方面，比较有代表性的研究成果有：Luo 等[48]通过提取图像的低层视觉特征和场景语义特征，提出了一个基于贝叶斯网络的语义理解框架，实现了图像中物体对象的检测和室内外场景图像的自动分类。Li 等[49]对艺术图像提出了一种模糊语义特征的描述和提取方法，构建了一个艺术图像检索系统。Lee 等[50]对电影片段做了情感识别，通过提取情感语义特征，建立了一个情感识别系统来识别人们在看到某个电影片段时的情感。张海波等[51]通过构建二维图像情感因子空间提取图像的情感语义特征，实现了男西装图像的情感语义识别。图像高层语义特征，尤其是行为语义特征和情感语义特征的提取现处于研究起步阶段，研究的难点表现在情感模型和情感词的选择以及情感语义特征的表述方面。

1.2.2 图像检索技术研究现状

图像检索技术的研究最早起源于20世纪70年代末期，当时使用的是基于文本的图像检索（TBIR）技术。到了20世纪90年代初期，研究学者提出了基于内容的图像检索（CBIR）技术。随着“多媒体内容描述接口”（MPEG-7）标准的推出，CBIR技术逐渐成熟和完善，同时，研究学者也开始研究基于语义的图像检索（SBIR）技术。

1.2.2.1 基于文本的图像检索（TBIR）技术

基于文本的图像检索技术主要是通过人工对图像进行标注，然后根据用户输入的关键字匹配图像库，检索出相关的图像。该检索方法的性能极大地依赖于人工标注的结果，因此主观性特别强，而且大型的图像库需要耗费大量的人工和时间进行图像标注，非常耗时耗力[52]。也就是说，基于文本的图像检索技术是一种低效的、主观的、不完善的检索方法，其检索结果也很不尽如人意。

1.2.2.2 基于内容的图像检索（CBIR）技术

相对于基于文本的检索技术，基于内容的图像检索技术能够客观地反映图像的内容。目前已经有很多成功的应用，包括基于颜色特征的图像检索、基于纹理特征的图像检索、基于形状特征的图像检索和基于空间特征的图像检索。

近年来，国内外研究学者已经提出许多利用低层视觉特征检索的图像检索技术[53-68]，有基于颜色特征的[53-60]，基于纹理特征的[59-66]，基于形状特征的[67]及基于空间特征的[58,68]检索方法。这些方法已经广泛应用于各类图像检索任务中，但检索效果不是很理想。在文献[53-60]中，颜色特征分析被证明是用于图像检索较好的特征。Swain 等[53]使用颜色直方图进行图像检索，主要是因为颜色直方图提取过程简单，计算速度快。灰度级上基于纹理特征的方法[59-66]在图像检索系统中应用最广。虽然对于纹理特征的描述没有统一的定义，人们一般根据直觉使用粗糙度、对比度和能量等参数来描述纹理。单一特征的检索效果经常令人不满意，因此，颜色特征通常与图像的纹理、空间关系、形状等特征结合应用在图像检索系统中[59,60,63,67]。此外，研究者也经常使用一些智能算法来优化特征提取。Huang 等[62]提出一种结合小波分解和梯度向量的基于纹理特征的图像检索方法。Jhanwar 等[63]建立了一个基于 MCM（Motif Co-occurrence Matrix）的图像检索系统，通过计算相邻区域内像素出现的概率，将像素之间的差异变换为基本图形作为提取的图像特征。Lin 等[59]提出了一个智能的基于颜色和纹理特征的图像检索系统。

基于内容的图像检索技术取得了一定的成果，目前在互联网上也有一些相关的应用系统，比较著名的有 IBM 的 QBIC 系统和哥伦比亚大学开发的 Visual SEEK 系统等，但因其在检索过程中仅仅考虑图像的视觉特征，完全没有顾及人们观察图像的视觉感受，因此，随着图像数量和种类的剧增，其检索结果与人们需要的结果差距越来越大。

1.2.2.3　基于语义的图像检索（SBIR）技术

为了缩小“语义鸿沟”，按照人们对图像的实际理解检索图像，研究学者开始研究基于语义的图像检索（SBIR）技术。早在2002年之前，一些研究学者就提出了一些从语义层面理解图像的基于计算机视觉和机器学习的图像检索系统[69-71]。近年来，Ferecatu 等[72]提出了一种改进的基于支持向量机的主动关联性反馈框架，使用视觉特征和概念内容表示进行检索。虽然提出的关联反馈框架使得图像检索结果更能符合用户的需求，但图像概念特征向量的计算复杂度非常高。Lakdashti 等[73]提出一种模糊的建模方法用于图像语义检索，缩小了“语义鸿沟”，建立的模糊系统能够在检索任务中模拟人们的行为，构建模糊规则进行训练和测试，实验证明提出的模糊系统提高了检索准确率和召回率。Singh等[74]提出了基于多特征的图像语义检索方法，使用图像、纹理和形状三种特征混合检索，提高了检索性能。Patil等[75]采用关联反馈实现了基于Adaboost算法的图像语义检索，因关联反馈是实时交互过程，研究者通过在每一次反馈迭代过程中优先考虑正实例优化了学习过程，构建的系统主要优点是训练样本少，检索时间短。以上研究成果都是从图像的场景语义和行为语义层面考虑检索的，对于基于情感语义的图像检索，由于情感的感知和处理比较困难，目前尚处于研究初级阶段，但人们逐渐认识到这种“以人为本”的检索的重要性，因而也成了目前的研究热点。基于情感语义的图像检索旨在对图像做情感分类，并进行情感建模，让人们检索到适合自己感知的图像。目前，国内外也有部分大学和研究机构已经开发出一些基于情感语义的检索系统。比较经典的有日本Human Media实验室研制开发的Art Musuem[76-79]，采用线性方法将颜色作为主要的情感特征进行检索。由Nadia Bianchi-Berthouze等研发的K-DIME[80-87]是一个根据图像的主客观描述检索Web图像的软件模型，它使用聚类、关联规则挖掘等数据挖掘算法建立情感模型，并通过用户反馈改变情感值。我国王上飞等提出了情感注释的思想，使用支持向量机实现低层视觉特征到高层情感语义特征的映射，研发了个性化情感检索系统和服装设计情感获取信息系统[16,84-87]，前者提取了自然风景图像的颜色、形状及灰度特征，并将其进行语义映射，后者根据服装图像的款式、长短、面料、纹理等属性构造了服装图像的情感特征空间。总之，目前基于语义的图像检索技术还很不成熟，在理论和应用方面都存在很多问题亟待解决，尤其是在图像的情感语义分析和检索技术研究方面尚需开展深入的研究，关于场景图像情感语义的研究成果甚少，有待研究学者进一步探索和研究。

1.3　本书主要工作

本书的研究内容是山西省自然科学基金项目“面向自然语言理解的图像语义自动获取算法研究”（No. 2013011017-2）和山西省高校科技创新项目“基于多特征情感语义的图像检索技术研究”（No. 2013150）的主要组成部分，该项目正是针对山西省自然基金项目“基于深度层次特征挖掘的海量古代壁画分类研究：以五台山壁画为例”（No. 201701D121059）和山西省教育科学”十三五“规划课题“大数据背景下MOOC在线学习行为分析与预测研究”（No. GH-17059）的支持。

场景图像情感语义研究是近年来的研究热点，不难看出，当前有关该问题的研究也面临很多挑战，许多问题都有待解决。本书围绕如何更快速、更准确地获取图像情感语义特征并进行高效检索这一目标，以场景图像为研究对象，对图像的情感语义分析和检索技术展开了研究，主要研究内容如图1-6所示。

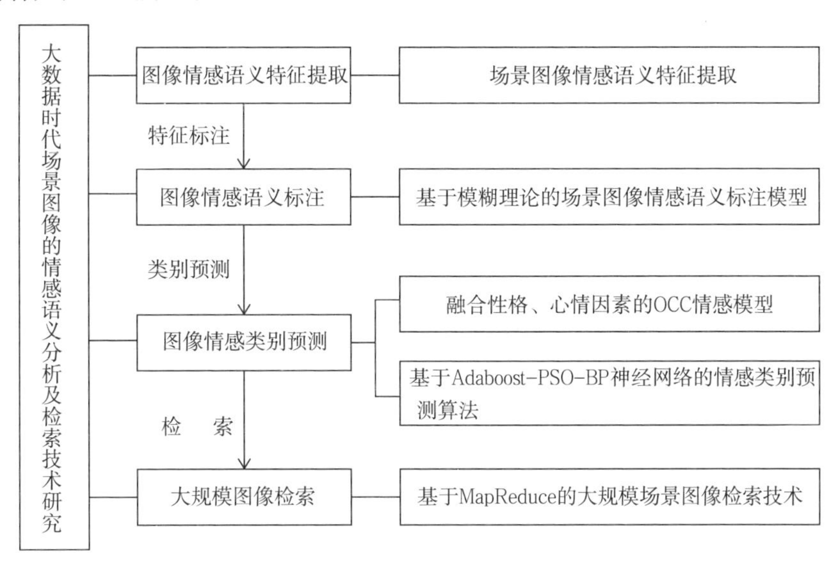

图1-6　本书主要研究内容

Fig. 1-6　The Research Content of the Dissertation

从图1-6中可以看到，本书的主要工作体现在场景图像的情感语义特征提取、情感语义自动标注方法、情感类别预测和大规模检索技术几方面的研究。

1.3.1 场景图像的情感语义特征提取研究

从场景图像检索的任务出发，重点研究了高层情感语义特征对于场景图像检索的作用，并提出了一种在开放环境下获取场景图像情感语义数据的方法，选取不同年龄段、不同职业和不同性格特征的被试在开放环境下实验，获取了大量的情感语义数据，使用主成分（PCA）分析法对获取的数据进行分析，筛选出了能表达不同类型人群的情感语义数据。

在实验获取场景图像情感语义数据的基础上，重点分析了场景图像的颜色情感语义，提出了一种基于权重的不规则分块思想的颜色特征提取算法，获取了场景图像的低层颜色特征。使用粒子群（PSO）算法优化BP神经网络参数进行特征映射，将OCC模型作为本书研究的主要情感模型，将提取的颜色特征与OCC模型中的情感形容词映射，得到了场景图像的低层视觉特征与高层情感语义特征的关系。

1.3.2 基于模糊理论的场景图像自动标注方法研究

情感语义特征描述了场景图像情感属性，但人们对图像的情感理解是有程度之分的，例如，当看到一幅关于庆祝节日的场景图像时，可能有些人感觉非常愉悦，也有些人觉得高兴，但没有那种非常开心的强烈感受。如何表达人们对场景图像理解的情感程度，成为待研究的问题。

本书提出了一种基于模糊理论的场景图像自动标注模型，在OCC模型基本情感值的基础上，定义了由隶属变量{非常|中性|几乎不}与基本情感值

构成的扩展情感值，应用模糊理论建立情感空间，通过计算模糊隶属度描述情感程度，使用T-S模糊神经网络实现了场景图像的自动情感语义标注，很好地解决了图像理解中存在的语义模糊问题。

1.3.3　场景图像的情感类别预测研究

要提取丰富的情感语义内容，首先需要判断场景图像的情感类别。对于预测问题，往往在预测精度上都面临较大的挑战。一方面是由于场景图像的情感内容感知比较丰富而抽象；另一方面是不同的人对相同图像的感知也可能不同，而同一个人在不同环境下因心情不同对相同图像的感知也有可能不同。本书提出了融合情绪、性格因素的改进的OCC情感模型和基于Adaboost-PSO-BP神经网络的场景图像情感类别预测算法。

融合情绪、性格因素的改进的OCC情感模型通过加入情绪和性格因素描述个性情感。首先使用PAD模型[89]描述人的情绪特征，使用心理学界广泛使用的FFM模型[88]描述人的性格特征，将人的性格分为五类：开放型（Openness）、责任型（Conscientiousness）、外向型（Extraversion）、宜人型（Agreeableness）和神经质型（Neuroticism）；然后定义了性格与情绪、OCC情感与PAD值的映射关系，最后量化了OCC情感模型。

基于Adaboost-PSO-BP神经网络的场景图像情感类别预测算法将BP神经网络作为弱预测器，并应用粒子群（PSO）算法事先优化BP神经网络的权值和阈值，Adaboost算法组合多个优化BP神经网络的预测输出构建强预测器。Adaboost算法是一种迭代算法，由于事先不需要知道弱学习算法预测精度的下限而非常适用于各类预测问题。其主要思想是获取各学习样本的权重分布，开始所有权重被赋予相等的值，但在训练过程中，样本权重被不断调整：预测精度低的样本权重得到加强，预测精度高的样本权重被减弱。最终，弱预测器加强了对难以预测的样本的学习。这样，达到一定预测精度的弱预测器，经组合后形成的强预测器就具有很高的预测精度，有效地克服了单一BP神经网络收敛速度慢、泛化能力差的缺点。通过与单一BP神经网络学习算法和传统的Adaboost-BP算法的实验对比，本书提出的基于Adaboost-PSO-BP神经网络的场景图像情感类别预测算法具有较高的预测准确率。

1.3.4 基于MapReduce的大规模场景图像检索技术研究

面对越来越多的图像数据，要提高图像的检索效率，仅考虑按照传统的单节点模式架构和单一的特征检索图像库是远远不够的。这一部分本书首先研究了基于大数据处理技术的Hadoop平台架构，然后设计了一种基于MapReduce并行编程模型的大规模场景图像检索方案，包括场景图像数据的并行存储、场景图像特征的并行提取及基于Mean Shift算法的场景图像特征并行聚类算法，又从人们通常的需要出发，利用单一的颜色视觉特征或情感语义特征以及二者结合混合特征进行检索，实验从多个方面证明了提出的方法的有效性和本书研究的实用价值。

1.4 本书组织结构

本书共分为7章，结构安排如图1-7所示。

第1章是绪论。从总体上介绍了课题的研究背景及意义，阐述了场景图像情感语义研究的需求，然后对图像情感语义分析及检索技术的国内外研究现状进行了详细的分析，最后介绍了本书的主要工作和内容组织结构。

第2章是大数据处理与图像检索。介绍了大数据的来源和组织，大数据面临的机遇和挑战以及大数据的未来发展趋势，重点分析了大数据处理与图像检索的关系。

第3章是开放行为学实验环境下的场景图像情感语义分析。介绍了图像情感语义研究的相关概念和一些预备知识。首先给出了图像情感语义的一些相关概念，然后介绍了图像的语义层次模型，重点提出了一种开放行为学实验环境下的场景图像情感语义分析方法，对获取的大量场景图像的情感语义数据做了分析，验证了获取数据的有效性，最后对传统的图像分析和检索的性能评价标准进行了介绍和分析，为后续章节的情感语义分析做准备。

第4章是基于模糊理论的场景图像情感语义标注模型。利用模糊理论原理，使用隶属度描述人们对场景图像理解的情感程度，提出了基于权重的不规则分块颜色特征提取方法，提取了场景图像的颜色特征，通过T-S模糊神经网络与OCC情感模型进行语义映射，较好地解决了场景图像理解的语义模糊性问题。

第5章是基于Adaboost-PSO-BP 神经网络的场景图像情感类别预测算法。考虑到认知因素和非认知因素对场景图像情感类别的影响，提出了融合情绪、性情因素的OCC情感建模方法，将BP神经网络作为弱预测器，并使用PSO算法事先优化BP神经网络的权值和阈值，采用Adboost算法组合多个优化BP神经网络的输出构建强预测器，对场景图像进行情感类别预测，与单一BP神经网络及传统的Adaboost-BP神经网络算法做了实验对比，验证了提出的算法的有效性。

第6章是基于MapReduce的大规模场景图像检索技术。研究了Hadoop平台下大数据处理的架构技术，提出了基于MapReduce并行编程模型的大规模场景图像检索方案，设计了对于海量场景图像数据的并行存储和检索方法，采用先用分布式Mean Shift算法对场景图像的特征进行并行聚类，然后再计算待检索图像与各聚类中心特征向量距离的方法进行检索，有效地减少了计算量，实现了场景图像的低层颜色视觉特征和高层情感语义特征的混合检索，实验验证了提出的检索模型的检索效率。

第7章是总结与展望。对全书的研究工作进行总结，并提出了下一步需解决的问题和研究方向。

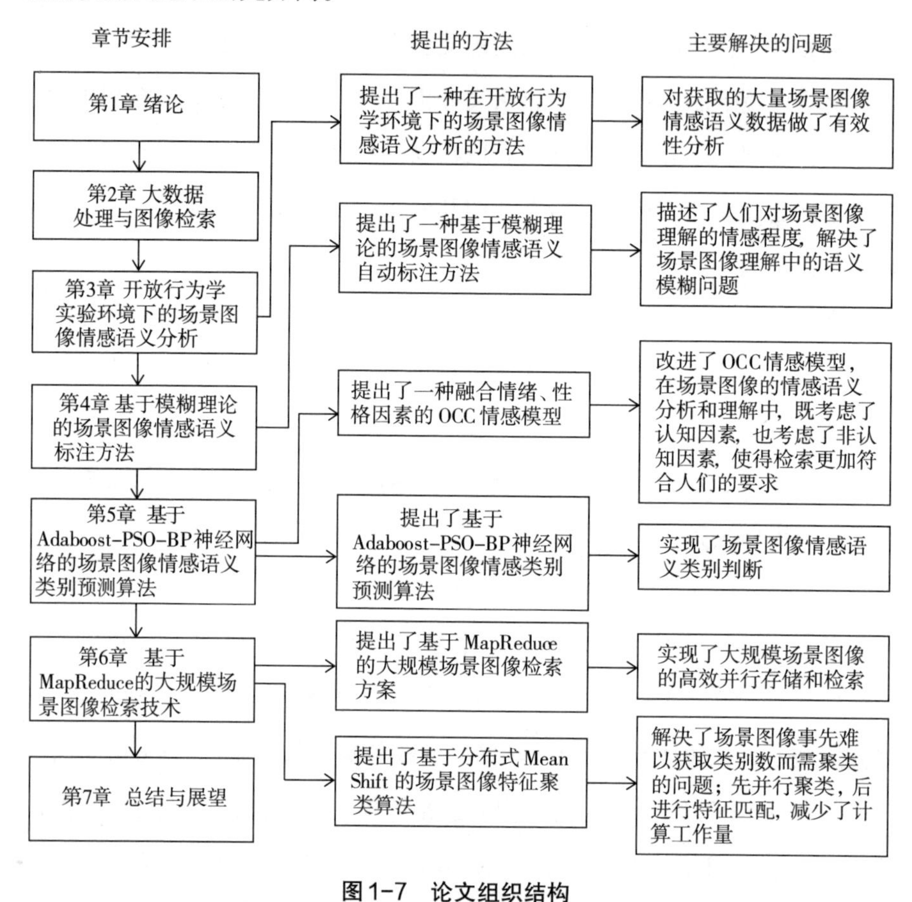

图1-7 论文组织结构

Fig. 1-7 The Structure of the Dissertation

1.5 本章小结

本章概述了课题的研究背景和意义，详细介绍了与本书研究工作相关的国内外研究现状，最后说明了本书的主要研究内容和组织结构安排。

第2章　大数据处理与图像检索

随着互联网、物联网及社交网络等技术的迅速兴起，每天都会产生难以计数的数据，大数据时代已经到来。图像作为一种人们工作和生活离不开的多媒体信息，其数量呈爆炸式增长趋势，在大数据时代对海量图像的处理也面临新的机遇和挑战。本章首先简要介绍了大数据的种类、特点和应用，然后重点分析了大数据处理面临的问题，最后阐述了大数据处理与图像检索的关系，说明了大数据时代为数字图像理解领域带来的机遇和挑战。

2.1　大数据的种类、特点和应用

2.1.1　大数据的种类

互联网、物联网、云计算和社交网络等技术的兴起和快速发展已导致全球范围内的数据量呈爆炸式增长，数据在计算机中的存储单位已上升至PB，甚至EB、ZB级，而且正在向YB级别扩大，我们日常工作和生活的每个角落已经被海量的结构化和非结构化的数据所充斥，并且每天还在以惊人的速度增长。据美国互联网数据中心（IDC）2013年3月发布的报告统计，互联网上的数据在2012年和2013年翻了一番，达到了2.8ZB，预计到2020年，全球的数据量将会达到40ZB。图2-1是对全球数据量的分析和预测，可以明显地看到，未来几年全球的数据量会以更快的速度增长，我们正在步入一个大数据时代。

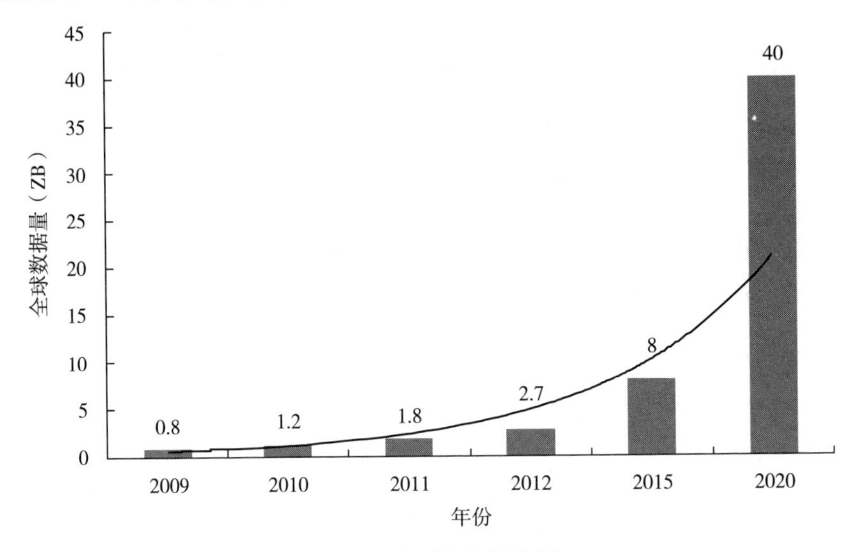

图2-1　全球数据量分析

Fig. 2-1　The Analysis of Global Data

信息和通信技术的发展导致各行各业乃至个人每天都会生成和积累大量的数据信息，不论这些数据来源于何处，大致可以分成三个类别。

（1）人工生成的结构化数据：政府、企业、银行、电信运营商等部门在日常工作中每天会产生大量的联机交易和分析数据，这些数据由于价值和保密程度较高，一般是人工干预和组织的，它们一般都是结构化数据，是大数据的一小部分，因此应用通常的关系型数据库即可进行有效组织和管理。

（2）自动化监测系统生成的数据：物联网技术的发展导致大量的设施设备被纳入网络，在提高工作效率和给人们带来更多便利的同时，用于生产监测、交通监测等领域的传感器以及方便人们工作和生活的自助终端（POS机、银行的ATM机、ETC等），每时每刻都在自动生成大量的数据。这些数据非常多，其噪声和冗余也较多，利用价值不是很高，但在某些特定的场合，其中的部分数据是很有价值的，这就需要从海量数据中挖掘有用的信息。

（3）社交网络通信生成的数据。近几年来，社交网络的盛行导致网络上的用户自制信息日益剧增。微信、微博、图片、视频等交互式通信生成了大量的非结构化数据，这些数据的数据量非常大，种类繁多，动态更新，其中包含大量重要的信息，如果对其加以有效处理和应用，会产生巨大的实用价值。

2.1.2　大数据的特点

对于大数据，现在尚无一个准确、统一的定义。维基百科将大数据定义为：大数据是指利用常用软件工具来获取、管理和处理数据所耗时间超过可容忍时间的数据集[90]。这是一个对大数据粗略的描述。Gartner研究机构给出一个较为准确的定义：大数据是需要新处理模式才能具有更强的决策力、洞察发现力和流程优化能力的海量、高增长率和多样化的信息资产[91]。这个定义涵盖了大数据的一些基本特征，目前，一般认为大数据具备四个基本特征：数据量大（Volume）、种类多（Variety）、要求处理速度快（Velocity）、价值密度低（Value）。

2.1.2.1　数据量大

数据量大是大数据最基本的特征。各种智能设备每天会产生大量的数据，现在已达到ZB的数量级，数据量正在以几何级数增长。据不完全统计，一些中小型企业每天处理的数据量在几十G、几百G左右，而国内一些大型的互联网企业每天处理的数据量已达到TB级别。

2.1.2.2　数据种类多

进入大数据时代，不仅数据量呈爆炸式增长，而且数据种类日益变得繁多，复杂多变。目前大数据的种类主要包括关系型数据库事务处理产生的结构化数据，以网页为代表的半结构化数据和以音频和视频信息为主的非结构化数据等。非结构化数据是当前大数据的主流，包含大量的细节信息，蕴含巨大的实用价值，因此，大数据重点关注非结构化数据的处理。

2.1.2.3 数据要求处理速度快

全球数据量的迅速增长要求数据的处理速度也得到相应的提升，这样才能使数据得到有效的利用，否则，大数据不但不能为我们处理问题带来优势，反而会变成快速处理问题的负担。例如，商家的市场营销数据如果得不到及时的分析和处理，商家就无法及时准确地做出营销决策，从而会降低营销利润；另外，这些数据如果没有及时分析处理，也就失去了分析的意义，保留这些数据也几乎是毫无用处的，反而会因保留大量的几乎没有价值的数据而占用设施设备。因此，大数据的处理是有时效性的，如果得不到及时有效处理，大数据就会失去价值，变得没有意义。

2.1.2.4 数据价值密度低

这个特点主要针对的是非结构化数据。数据价值密度的高低与数据量的大小呈反比，随着海量数据的涌现，大数据的价值具有稀缺性、不确定性和多样性。以常见的监控视频为例，在刑侦领域，每天大量的监控视频数据被记录下来，但也许在长达几小时的视频中，只有几秒对于刑侦工作人员是有用的，价值密度很低。如何使用机器算法迅速地挖掘大数据的价值是目前需要解决的难题之一。

2.1.3 大数据的应用

大数据的“大”，不仅体现在数据量大，更体现在通过对大数据的分析和挖掘，创造更大的价值。美国麦肯锡咨询公司评估大数据可为各个部门创造重大的价值：①美国医疗服务业，每年价值3000亿美元，大约以0.7%的年生产率增长；②欧洲公共部门管理，每年价值2500亿欧元，大约以0.5%的年生产率增长；③全球个人位置数据，服务提供商收入1000亿美元或以上，最终用户价值达7000亿美元；④美国零售业，可能的净利润增长水平为60%或以上，以0.5%~1.0%的年生产率增长；⑤制造业，产品开发、组装成本降低达50%，运营资本降低达7%。表2-1[92]列出了典型大数据的应用比较。

表2-1　典型大数据应用比较[92]

Table 2-1　Comparison between Typical Big Data Applications[92]

Applications	Examples	Number of Users	Response Time	Data Scale	Reliability	Accuracy
Scientific Computing	Bioinformatics	Small	Slow	TB	Moderate	Very High
Finance	High-frequency Trading	Large	Very Fast	GB	Very High	Very High
Social Network	Facebook	Very Large	Fast	PB	High	High
Mobile Data	Mobile Phone	Very Large	Fast	TB	High	High
Internet of Things	Sensor Network	Large	Fast	TB	High	High
Web Data	News Website	Very Large	Fast	PB	High	High
Multimedia	Video Site	Very Large	Fast	PB	High	Moderate

综合来看，未来几年大数据将在商业智能、公共服务和市场营销三个领域具有巨大应用潜力。

2.1.3.1　商业智能

在过去的几十年里，人们都依赖来自Hyperion、Microstrategy和Cognos的BI（Business Intelligent）产品分析海量的数据并生成报告，但如果涉及决策和规划方面的问题，由于不能快速处理非结构化数据，传统的BI会非常困难。大数据技术最主要的功能是ETL（Extract、Transform、Load），现在计算和存储硬件价格非常便宜，而且配合许多开源大数据工具，人们可以非常方便地先抓取大量数据再考虑分析问题；另外，处理性能的大幅度提高使得实时互动分析更容易实现，而“实时”和“预测”将传统的BI带到了一个大数据预测的新境界。

2.1.3.2 公共服务

大数据的另外一个主要应用领域是社会和政府。随着全球各国政务的数字化进程的推进以及政务数据的公开化、透明化，人们将能准确了解政府的运作效率。这是不可逆转的历史潮流，同时也是大数据最具潜力的应用领域之一。

2.1.3.3 市场营销

大数据的另一大应用领域是市场营销，也就是提升消费者与企业之间的关系。当今企业与客户之间的接触点发生了根本的变化，从过去使用的电话、邮件地址，发展到现在广泛使用的网页、社交媒体、博客、微信等，在这些种类繁多的数据里跟踪客户，将他们的每一次点击、收藏、“顶”、分享、加好友、转发等行为纳入企业的销售记录中，并将其转化为商家的收入是大数据在市场营销领域的重要价值体现。

总之，大数据在各行各业都有巨大的应用潜能，将会为社会创造更多的经济效益，大数据的挖掘和有效分析具有重大的研究意义和很高的实用价值。近年来，全球对大数据问题都非常管关注，图2-2[93]是统计的截至2013年9月Scopus数据库中全球关于大数据的学术研究论文数量的比例分布，世界各国都轰轰烈烈地展开了对大数据的研究。

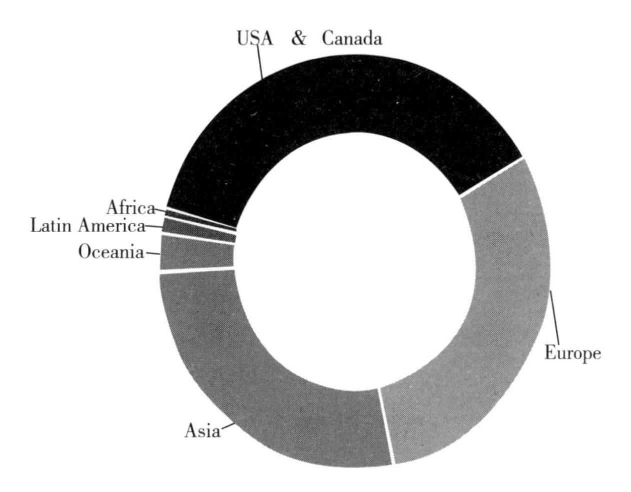

图 2-2　全球对大数据研究成果的分布[93]

Fig. 2-2　The Distribution of Research Findings on Big Data in the World[93]

2.2　大数据处理面临的问题

虽然大数据时代的数据能为我们创造更多的价值，但因其具有与传统数据不同的特点，而在数据存储、数据分析、数据显示、数据安全与隐私、数据能耗等方面面临新的问题与挑战。

（1）数据存储。大数据不仅数据量大、结构形式多样，而且数据分散、标准不一、实时性强，因此，使用传统的技术进行数据的采集、整合变得非常困难，由此引发的数据存储也面临新的问题。大数据的存储方式既影响数据分析处理的效率，又影响数据存储的成本。研究高效率、低成本的大数据存储方式是目前有待解决的问题之一。

（2）数据分析。数据分析是大数据处理的核心，数据分析的效率直接影响大数据产生的价值。在数据分析方面目前也面临很多问题。一方面，海量的数据存在大量噪声，数据清洗预处理非常重要，但很多有用的信息混杂在海量的数据中，清洗粒度过细会导致有用的信息被过滤掉，清洗粒度过粗又达不到清洗的效果，因此需要在质与量之间做好权衡，这对计算机硬件和机器学习算法都是一个严峻的考验。另一方面，与传统的数据库管理系统相比，大数据分析在强调准确性的同时，更注重实时性，因为大数据蕴含的价值会随着时间的流逝而衰减，因此需要研究更有效、更实用的大数据分析和处理技术。

（3）数据显示。相对于数据分析，一般用户更注重数据的显示方式。传统的以文本为主输出结果的方式和在计算机终端上直接显示结果的方式适合于少量数据的处理，对于大数据的显示，人们在看到结果的同时，还希望显示输出大数据处理的中间结果，这就需要引入新的可视化处理技术，使得用户能够更好地理解显示的结果。

（4）数据安全与隐私。数据量的迅速增长引发了数据安全与隐私问题。社交网络的兴起让越来越多的数据以不同的形式存储于计算机中，数据产生的同时留下了人们生成数据的痕迹，如果将某个人在不同地点、不同时间的数据积累起来，这会引起潜在攻击者的注意，从而导致数据安全和个人隐私暴露问题。大数据时代数据的安全与隐私问题面临巨大的挑战。

（5）数据能耗。美国《纽约时报》和美国麦肯锡咨询公司的一项调查数据显示[94]，脸书数据中心的年耗电量约60万瓦，谷歌数据中心的年耗电量达300万瓦左右，而这巨大的能耗中只有6%~12%是用来响应用户查询并进行计算的，大部分的能耗被用于确保服务器正常运转，以应对突发的网络流量高峰等情况。这些数据充分说明，在能源价格不断上涨、数据规模不断扩大的时代，大数据的能耗也是必须考虑并解决的问题之一。

2.3 大数据处理与图像检索的关系

为挖掘大数据蕴含的价值，需要对大数据进行有效的组织和管理，信息检索技术随之应运而生。对于结构化的数据，传统的信息检索方法已能够满足对数据有效管理和组织的要求；而对于半结构化和非结构化数据，文本检索技术已逐渐成熟，大规模的搜索引擎已使得海量的文本信息通过索引的方法得到有效组织和管理。然而，图像作为大数据的重要组成部分，蕴含着丰富的内容，生动形象，更容易吸引人们的视觉感官，广泛应用于新闻、娱乐、教育、医学等领域中。相对于文本检索技术，大规模图像检索技术，尤其是图像的高层情感语义分析和检索技术尚处于起步阶段，与实际应用需求还有一定的差距。我们常用的谷歌和百度搜索引擎，在文本检索方面已经取得了巨大的成功，但在图像检索方面由于无法解决“语义鸿沟”的问题而导致检索结果与用户的实际需求还存在很大的差距。虽然后来诞生的Tineye[95]和Google Search by Image[96]进行了无旋转变化的部分图像复制检索，在一定程度上改善了检索效果，但从情感语义的层面看，效果并不很理想。

图像检索的难度主要在于图像的多变性、多样性以及其蕴含内容的抽象性，仅仅通过几种感官上的视觉特征很难检索到令人满意的结果。也就是说，基于文本的图像检索方法需要大量的人工干预，费时费力，也存在许多不确定性和噪声，基于内容的图像检索方法由于无法克服“语义鸿沟”也导致检索结果无法令人满意。为了更好地从语义层面理解图像，近年来研究学者们也使用监督或半监督的学习方法建立一些带有语义标注的图像库，较为典型的是Flickr[97]、ImageNet[98]和SUN Database[99]。Flickr是一家提供免费和付费照片存储、分享方案及网络社群服务的网络平台，拥有大约7000万注册用户和超过80亿张图像，是目前使用最为广泛的互联网图像交流平台。Flickr为用户提供了友好的图像标注接口，用户可以方便地对图像进行语义标注并上传，同时用户也可以语义标注标签检索相关的图像。虽然Flickr已经取得了很大的成功，但由于其一方面没有确定图像间的从属关系，另一方面存在图像标注的主观性，在一定程度上影响了图像检索的效果。ImageNet是由美国斯坦福大学Li等[98]研发的用于学术研究的层次化图像数据库，它使用了文本字典WordNet中名词间的层次对应关系，为每个名词概念从互联网上筛选500张以上的图像构建图像库，目前已包含1400多万张精确标注的图像供用户使用，是学术界广泛使用的一个图像数据库。SUN Database是一个免费提供给计算机图像理解领域的学术研究者使用的场景图像数据库，目前包含了131067张场景图像，908个场景类别，131067个场景图像分割对象以及4479个分割对象类别。该图像库在对象语义的层面上对库中的部分图像进行了精确标注和分割，供研究者使用，也是目前研究使用较为广泛的图像库，本书就使用该图像库做实验研究。

以上这些由人工干预建立的图像数据库在图像内容分割、表示、特征提取、相似度匹配和检索方面取得了一定的成功，图像检索，尤其是图像情感语义的分析和检索正在逐步展开，研究者都期望借助这些海量的图像数据进行实验研究，挖掘图像大数据蕴含的巨大价值，以便更多更好地服务于人们的工作和生活。

2.4 本章小结

本章首先介绍了大数据的种类、特点和应用，然后阐述了大数据发展面临的五方面的主要问题和挑战，最后重点分析了大数据处理与图像检索的关系，介绍了目前常见的图像检索方法的不足和一些常用的图像数据库的特点，阐述了图像作为现在和未来大数据的重要组成部分，图像检索技术研究，尤其是图像情感语义分析和检索技术研究的重要作用。

第3章　开放行为学实验环境下的场景图像情感语义分析

为了更好地阐述本书要研究的内容，本章给出了一些与场景图像情感语义分析及检索密切相关的基本概念，还对图像的特征提取及语义模型进行了分析研究，重点实现了开放行为学实验环境下的场景图像情感语义数据的获取和分析。同时，为方便后续实验研究，本章还对图像分析和检索的性能评测做了介绍。

3.1　图像情感语义理解的相关概念

本节将对与场景图像情感语义理解的相关概念进行阐述，以便更好地对本书的研究内容进行界定。

3.1.1　情感与情感计算

《心理学大辞典》中认为，情感是人对客观事物是否满足自己需要而产生的态度体验，是态度的一部分，是态度在生理上一种较复杂而又稳定的生理评价和体验。

情感计算是关于情感、情感产生及影响情感方面的计算，其目的是通过赋予计算机识别、理解、表达和适应人的情感的能力来建立和谐人机环境，并使计算机具有更高的、更全面的智能，营造和谐的人机环境，实现真正的“以人为本”[100]。它研究的重点是创建一个具有感知、识别和理解人们情感的能力，并能够对人们情感做出智能反应的计算机系统。本书针对场景图像做情感语义分析及检索，这正是情感计算的重要研究内容之一。

3.1.2 情感建模

情感建模就是建立情感的数学模型，对情感进行科学的分析和精确的计算。下面给出有关情感的一些数学定义[101]。

（1）中值价值率P_0：是主体所有活动价值率及相应作用规模的加权平均值，反映了主体的价值增长速度。

（2）中值价值率分界定理：当事物的价值率大于主体的中值价值率时，主体就会不断扩大其作用规模，产生正向的情感（如高兴、愉悦等）；反之，当事物的价值率小于主体的中值价值率时，主体就会缩小其作用规模，产生负向的情感（如伤心、生气等）。

事物价值率与中值价值率的差值用ΔP表示，称作价值率高差。

（3）情感值μ：是人们对价值率高差ΔP产生的主观反应值。它与价值率高差ΔP呈指数函数关系：$\mu = k_m \lg(1+\Delta P)$。其中，$k_m$为情感强度系数。

（4）情感矢量：是人们对所有事物产生的情感值构成的数学矢量，即$M = \{\mu_1,\mu_2,\cdots,\mu_n\}$。其中，$\mu_i$为人们对第$i$个事物产生的情感值。

情感矩阵：如果一个抽象的事物由多个具体事物构成，则抽象事物的情感可由多个具体事物的情感矢量构成的二维情感矩阵来描述，即$\boldsymbol{M} = \{\mu_{ij}\}_{m\times n}$。同理，也可产生$n$维情感矩阵。

（5）情感运算：是对情感值做的并集、交集、合成等运算。

并集情感$|\boldsymbol{M}_A|$：是各子集的情感矩阵$\boldsymbol{M}_A$与各子集的作用矩阵$\boldsymbol{X}$的点乘，即$|\boldsymbol{M}_A| = \boldsymbol{M}_A \cdot \boldsymbol{X}$，其中，$\boldsymbol{X} = (X_1,X_2,\cdots,X_n)$，$X_i$是人们对第$i$个子集事

物的作用系数，反映了价值资源的不同分配比重。

交集情感$|\boldsymbol{M}_{AB}|$：设$Z = A \cap B$，则人们对集合Z的情感称为子集A和B的交集情感。

合成情感$|\boldsymbol{M}_C|$：是一个集合$C = \{C_1, C_2, \cdots, C_n\}$中的各个体$C_i$对同一事物的情感，$|\boldsymbol{M}_C| = \sum_{i=1}^{n} |\boldsymbol{M}_{C_i}| \times S_i$，其中，$|\boldsymbol{M}_{C_i}|$是第$i$个个体对事物的情感矩阵，$S_i$是情感影响权重，反映了个体对集体情感的影响程度。

3.1.3　图像情感语义分析

图像情感语义分析就是应用情感计算的原理，通过计算机对图像进行分析，提取图像蕴含的丰富情感语义的过程。本书研究场景图像的情感语义分析方法，图3-1就是反映正向和负向两种不同情感的图像示例，其中图3-1（a）表现出来的情感是“喜悦、希望”，图3-1（b）反映出来的情感是“失落、恐惧”。

(a)

(b)

图3-1　场景图像情感语义分析示例

Fig. 3-1　The Examples of Emotional Semantic Analysis on Scene Images

3.1.4　图像情感语义标注

图像标注是指用一组词语对图像的内容进行描述，如果使用一组情感形容词描述图像蕴含的情感，就称为图像情感语义标注。

图像情感语义标注与图像的情感类别预测有着密切的关系，图像情感类别预测是实现图像情感语义自动标注的重要方法之一。图像情感类别预测侧重于提取图像语义信息中的类别语义，而图像情感语义标注的过程实际上就是提取图像情感语义信息的过程，因此，通过标注可以得到更加精细的图像情感语义信息。另外，图像情感类别预测通过使用图像情感类别与视觉特征之间的关联来实现类别，而图像情感语义标注不仅可以使用图像情感类别与视觉特征之间的关联来实现，还可以利用标注词之间的关联以及视觉特征之间的关联来实现，因此，图像情感语义标注使用的关联信息更加丰富。但是，图像情感语义标注需要大量的人工干预，对训练数据的要求也高，而且对标注词的选择也比较随意和主观，因而自动标注的结果往往不太令人满意。

本书研究了一种基于模糊理论的场景图像情感语义自动标注方法，所采用的标注词为OCC情感模型中给出的情感形容词。

3.1.5　图像情感语义检索

图像检索是根据用户的要求，在图像库中找到符合用户要求的图像的过程。根据图像的不同语义层次，图像的检索也有对象语义检索、行为语义检索和情感语义检索等。图像情感语义检索是指按照一定的检索规则，根据系统对图像预测的情感类别，检索用户要求的图像的过程。

本书研究的场景图像检索主要考虑情感语义的一致性，而不是对象或行为语义的一致性。如图3-2中的三幅图像都是“大海”的场景图像，其对象语义和行为语义基本一致，但其带给人们的情感却截然不同。图（a）让人放松、产生希望，图（b）可以带给人们愉悦的感觉，而图（c）给人的却是一种害怕、凄凉的感觉。本书主要针对情感语义的一致性做场景图像的检索研究。

(a)

(b)

(c)

图3-2　对象一致的场景图像情感语义差别分析

Fig. 3-2　The Difference of Emotional Semantic on Scene Images with the Same Objects

3.2　图像语义层次模型

本书研究场景图像的情感语义分析及检索，其目的是从用户的角度出发，更好地提取场景图像的语义信息。通常来讲，图像的语义是层次化的，可以用图3-3所示的层次化模型描述。

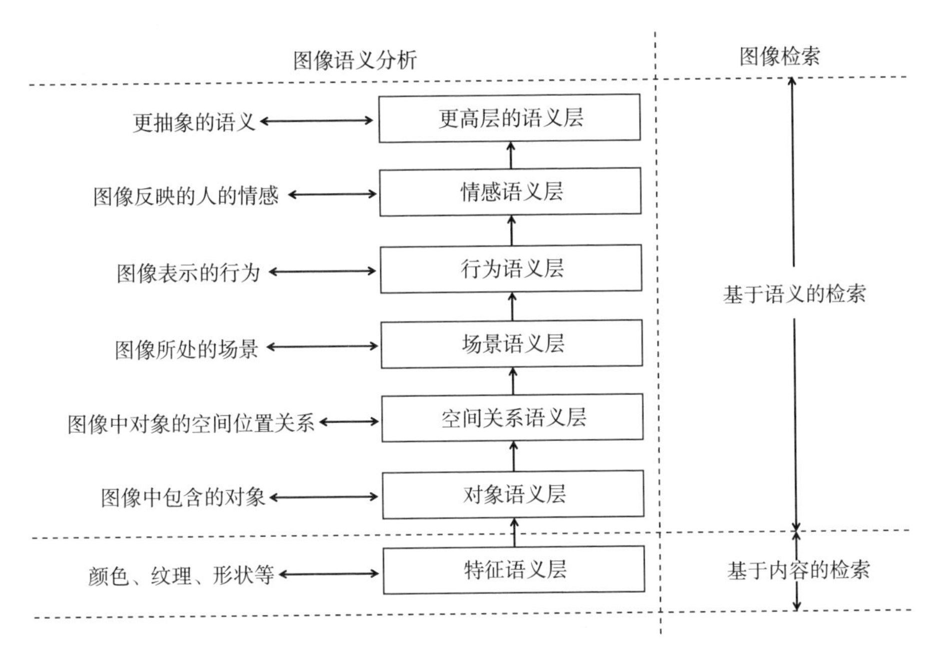

图3-3　图像的语义层次

Fig. 3-3　The Semantic Hierarchy of Images

从图像语义层次模型可以清晰地看到，从下往上，图像的语义越来越抽象，检索也变得越来越困难。从用户的角度看，在特征语义层的检索只是简单地提取了图像的视觉特征，然后通过相似度计算进行检索，并不是真正意义上的语义检索。而对象语义层及以上的几层都属于图像的语义层面的理解，这几层都需要进行相关的知识推理，识别图像中蕴含的对象、位置关系、场景、行为及情感等语义信息，这个过程都需要用户的主观判断和参与，由于用户的个体差异，图像检索的推理过程也应该体现个体的差异性。基于语义的检索都需要建立训练知识库，训练知识库的好坏直接影响图像检索的性能。情感语义层位于图像语义层次模型的较高层，其语义内容非常抽象，检索的难度也较大。

3.3 开放行为学实验环境下场景图像的情感语义分析

为了获取大量的场景图像的情感语义数据，本书设计了一种基于开放行为学实验环境的场景图像情感语义数据获取平台。按照心理学的要求，行为学实验一般都是在封闭环境下进行的，但封闭的环境在进行本书的图像数据获取实验时，容易造成被试的疲劳、厌倦等负面情绪，而且参与的被试数量也很有限，导致实验结果不是很准确。因此，本书尝试设计开放环境下的行为学实验，以获取更有效的实验数据。

3.3.1 情感模型的选择

OCC情感模型[23]是Andrew Ortony等提出的第一个人工智能领域的结构化模型，它提供了一种情感的分类方案，因易于在计算机上实现而应用最广。它从认知的角度表述情感，定义了22种情感类型：羡慕、责备、感激、讨厌、喜欢、失望、放松、害怕、希望、满意、悲观、高兴、悲伤、骄傲、害羞、生气、幸灾乐祸、妒忌、恐惧、快乐、自满、悔恨，情感的层次关系，如图3-4所示。通过大量的问卷调查，我们总结出了各种颜色所蕴含的语义与OCC情感模型情感词之间的对应关系，见表3-1。本书选择OCC情感模型进行开放环境下的实验研究，选取了10个与场景图像情感语义相关的词语获取场景图像的情感语义：悲伤、恐惧、讨厌、放松、生气、失望、害怕、快乐、骄傲、希望。

OCC情感模型通过构造情感规则来表述情感。令$D(p,e,t)$表示对象p在t时刻对事件e的期望程度，如果事件的期望产生了正向的结果，则函数值为正；否则，函数值为负。以“高兴”为例，令$I_g(p,e,t)$是总强度变量的组合（如期望、实现、近似），$P_j(p,e,t)$是产生“高兴”状态的可能性，则产生“高

兴”的规则为

如果　　　　　$D(p,e,t)>0$

则　　　　$P_j(p,e,t)=F_j(D(p,e,t),I_g(p,e,t))$

式中，$F_j(\ )$是表示“高兴”的函数。虽然这个规则不会引起高兴或高兴感觉的体验，但它可用来触发另一规则，因此，假设“高兴”的强度是I_j，对于给定的阈值T_j：

$$\text{如果}\ P_j(p,e,t)>T_j(p,t)$$

$$\text{则}\ I_j(p,e,t)=P_j(p,e,t)-T_j(p,t)$$

$$\text{否则}\ I_j(p,e,t)=0$$

这条规则激活了“高兴”的情感，当强度超过了给定的阈值时，就会产生“高兴”的情感，得到的强度值能被映射为多种“高兴”感觉中的一种，如“快乐”对应一个中等值，“骄傲”对应一个高值。其他情感规则的构造也是如此。

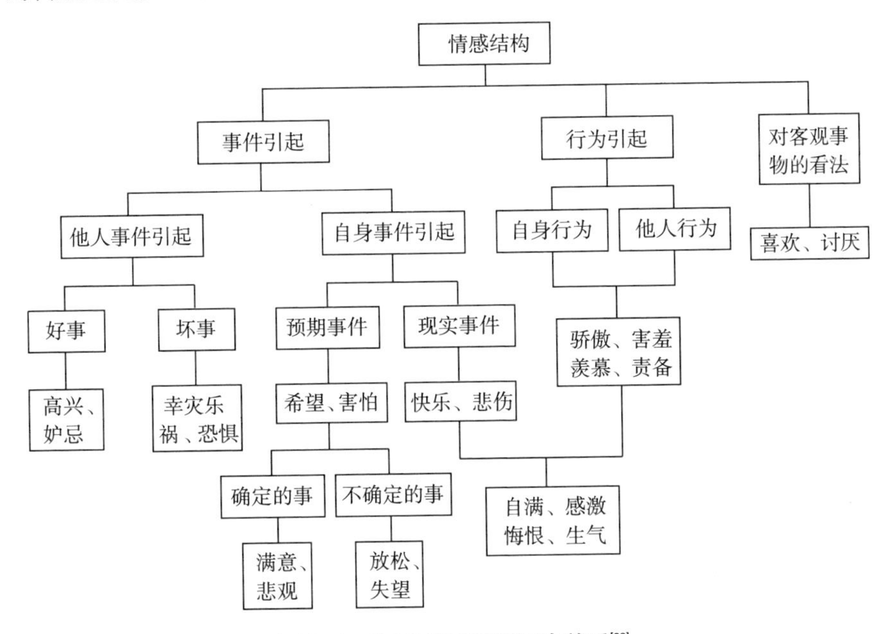

图3-4　OCC情感模型层次关系[23]

Fig. 3-4　The Hierarchy of OCC Emotional Model[23]

表3-1　场景图像颜色与情感语义的关系

Table 3-1　Relation of color and emotional semantic of Scene Images

颜色	蕴含语义描述	OCC情感词
红色	喜庆，热烈，浪漫，激情	快乐，骄傲
橙色	温暖，柔和，友好	快乐
黄色	温和，活泼，光明	快乐，放松
绿色	希望，生机勃勃，清新，生命	希望
青色	靓丽，朝气	放松，希望
蓝色	沉静，整洁，冷漠，冷峻，悲伤	悲伤
紫色	神秘，高贵，浪漫，优雅	骄傲
白色	冷淡，单调，贫乏	失落
灰色	苍老，冷漠，随意	害怕，失落
黑色	严肃，恐怖，沉重，死亡	恐惧，讨厌，生气

3.3.2　被试的选取

研究表明，被试的选取非常重要，直接影响实验结果的有效性[102]。本书在开放环境下实验，参与实验的人员种类繁杂，但结合实际情况，本书主要选取了以下3类人员作为实验数据来源的被试。

（1）在校大学生：大学生具备相当的文化水准，自我概念发展极快，易于接受新事物、参与新体验，对事物观察细致，情感体验丰富，而且更容易领会实验要求，是被试的好的选择。

（2）青少年：青少年是网络的主要群体，对新生事物有很强的好奇心，愿意尝试新的感受和体验，而且他们也是图像使用和传播的主体，因此，也成为本书实验的一类被试。

（3）在职者：这类人群相对于前两类被试，他们心理成熟，责任感强，对待问题沉着，不会产生太多的情绪化，而且只要时间和环境许可，他们也很愿意参与新的体验，是良好的被试群体。

3.3.3　实验数据和方案设计

本书选取SUN Database作为实验研究图像库，本次实验从908个场景类别中人工选取了1500张与产生情感有较强联系的图像进行情感语义标注实验。

我们设计了一个网站作为开放环境实验平台，使用专业的心理学软件E-Prime为被试演示图像，实验具体设定如表3-2所示。

表3-2　场景图像情感语义标注实验方案

Table 3-2　Experiment Scheme of Emotional Semantic Annotation on Scene Images

情感模型	情感类别	标注值	标注方式	图像显示时间
OCC情感模型	悲伤	0	鼠标左键点击；一张图像标注一个情感类别	6s
	恐惧	1		
	讨厌	2		
	放松	3		
	生气	4		
	失落	5		
	害怕	6		
	快乐	7		
	骄傲	8		
	希望	9		

注：实验图像集规模：800张。

在开始实验前，要求被试填写个人基本信息表、性格评测表和实验反馈表等电子文档资料。在实验过程中，图像随机播放，播放前显示约1s的提示界面，被试选择完毕后，持续约1s的休息界面，以保持被试良好的情绪。图3-5给出了开放环境下行为学实验平台框架结构，图3-6给出了实验设计时的截图。在提取收集被试数据的过程中，对数据的合理性和有效性进行了初步评价，去除明显的无效数据后进行统计分析。

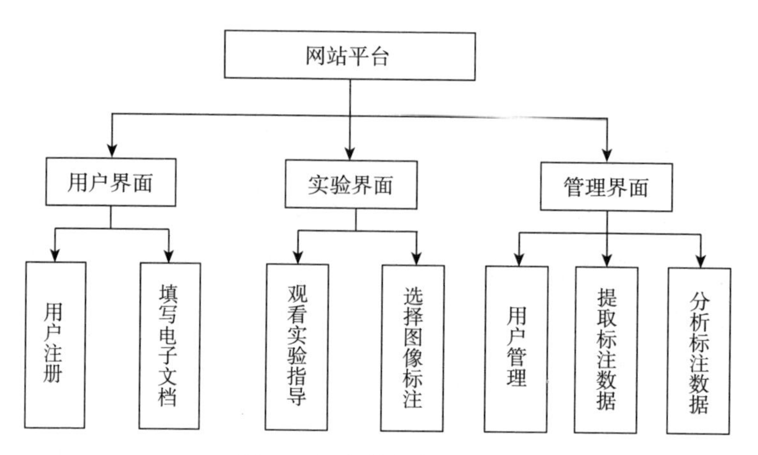

图3-5 行为学实验平台框架

Fig. 3-5 The Frame of Behaviour Experiment Platform

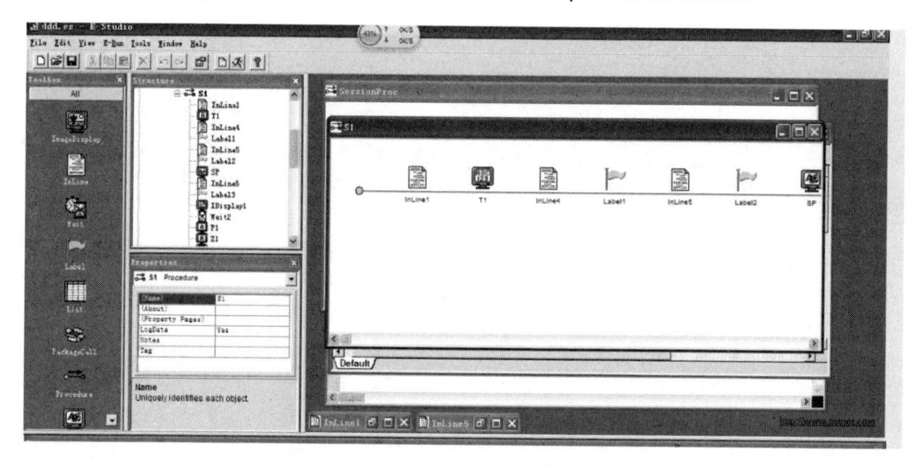

图3-6 行为学实验设计

Fig. 3-6 The Design of Behaviour Experiment

3.3.4 场景图像情感语义数据分析方法

主成分分析法（Principal Component Analysis, PCA）是由 Karl 和 Pearson 在 1901 年时提出的，用于分析数据和建立数理模型。它是一种通过线性组合将多个指标转换为几个相互无关的指标，而能保持原指标大量信息的多元统计分析方法。本书采用该算法分析开放环境下行为学实验采集的场景图像的情感语义数据。

PCA算法：设样本矩阵为$\boldsymbol{X} = \left(x_{ij}\right)_{n \times N}$，其中，$n$为特征维数，$N$为样本数。

（1）样本数据标准化处理[式(3-1)]：

$$x'_{ij} = \frac{x_{ij} - \overline{x_i}}{\sigma_i} \quad (i = 1,2,\cdots,n) \tag{3-1}$$

式中，$\overline{x_i}$为第i个样本特征的样本均值，σ_i是第i个特征的标准差。

（2）根据$\{x'_{ij}\}_{n \times N}$和式（3-2），计算协方差矩阵$\boldsymbol{R} = \left(r_{ij}\right)_{n \times N}$见式(3-2)：

$$r_{ij} = \frac{1}{n}\sum_{k=1}^{n}\frac{(x_{ki} - x_i)(x_{kj} - x_j)}{\sigma_i \sigma_j} \tag{3-2}$$

（3）根据特征方程$|R - \lambda I| = 0$，求解R的特征根λ_i和特征向量$\boldsymbol{\alpha}_i$（$i = 1,2,\cdots,N$），并将特征根λ_i从小到大排列（$\lambda_1 < \lambda_2 < \cdots < \lambda_N$）。

（4）根据式（3-3）和式（3-4），求解各主成分的贡献率e_i和累计贡献率E_m：

$$e_i = \lambda_i \Big/ \sum_{k=1}^{N}\lambda_k \tag{3-3}$$

$$E_m = \sum_{k=1}^{m}\lambda_m \Big/ \sum_{k=1}^{N}\lambda_k \quad (k = 1,2,\cdots,N) \tag{3-4}$$

式中，第一主成分的贡献率e_1就是第一主成分的方差占全部方差的比例，其值越大，表明第一主成分综合样本（$X_1, X_2, \cdots, X_N$）的信息越强。

（5）求出主成分[式(3-5)]：

$$F_i = \alpha_{1i}X_1 + \alpha_{2i}X_2 + \cdots + \alpha_{Ni}X_N \quad (i = 1,2,\cdots,N)$$

3.3.5　场景图像的情感语义数据实验分析

本节使用主成分分析法分析采集到的原始情感语义数据。表3-3列出了部分采集到的原始数据。

表3-4给出了以上数据的分析结果，图3-7是各主成分的方差贡献率。

表3-3　被试的部分原始数据

Table 3-3　Partial Original data of Triers

被试	s1.jpg	s2.jpg	s3.jpg	s4.jpg	s5.jpg	s6.jpg	s7.jpg	s8.jpg	s9.jpg	s10.jpg
1	0	7	5	8	3	7	6	2	8	4
2	0	3	5	7	7	9	6	6	8	5
3	0	7	5	8	3	7	0	6	8	5
4	1	9	0	9	3	7	4	1	3	0
5	0	3	5	8	3	9	5	6	8	5
6	2	7	6	9	9	7	6	0	9	6
7	0	3	0	3	3	3	0	6	8	5
8	1	7	5	8	7	7	6	2	7	5
9	0	7	4	7	3	9	6	6	8	4
10	0	7	5	8	3	7	4	1	8	5

以上样本矩阵$\boldsymbol{X}$在主成分空间的表示如下：

$$\begin{pmatrix} 1.8617 & 1.3166 & 0.5351 & -1.5641 & -1.2959 & 0.2547 & -0.9248 & 0.3614 & -0.1331 & 0 \\ 1.3028 & -4.6283 & 1.8716 & 2.3143 & 0.9768 & -0.4041 & -0.0681 & 0.3075 & 0.2930 & 0 \\ -4.9201 & 0.1678 & -2.9328 & -2.6344 & 2.2252 & -0.3585 & -0.1390 & 0.0503 & 0.0311 & 0 \\ 0.6175 & 8.1743 & 1.9552 & 1.7473 & 0.8117 & -0.5612 & 0.1706 & 0.0133 & -0.0226 & 0 \\ -0.5317 & -3.2250 & 3.1835 & -1.0404 & -0.3669 & -1.5191 & 0.0424 & -0.2699 & -0.2506 & 0 \\ 5.6018 & -1.4012 & -4.0525 & 1.1564 & 0.0954 & -0.0062 & 0.5175 & 0.1019 & -0.2983 & 0 \\ -8.7079 & -0.5656 & -1.2281 & 2.5002 & -1.3981 & 0.4612 & 0.0308 & -0.0172 & -0.0725 & 0 \\ 3.3779 & -0.1884 & -1.3824 & 0.9819 & 0.2229 & 0.5871 & -0.7059 & -0.4930 & 0.1537 & 0 \\ 0.2088 & -0.8025 & 3.2033 & -1.4235 & 0.5704 & 1.9828 & 0.4926 & -0.0323 & -0.0653 & 0 \\ 1.1891 & 1.1523 & -1.1529 & -2.0378 & -1.8416 & -0.4366 & 0.5840 & -0.0222 & 0.3646 & 0 \end{pmatrix}$$

表3-4　部分场景图像情感语义数据分析结果

Table 3-4　The Analysis Results of Partial Emotional Semantic Data on Scene Images

主成分	特征值	方差贡献率	累计贡献率
1	16.6789	40.4391	40.4391
2	11.6326	28.2040	68.6431
3	6.4199	15.5654	84.2085
4	3.7344	9.0544	93.2629
5	1.5677	3.8009	97.0639

续表

主成分	特征值	方差贡献率	累计贡献率
6	0.8510	2.0633	99.1272
7	0.2512	0.6091	99.7363
8	0.0618	0.1498	99.8861
9	0.0470	0.1139	100.0000
10	0	0	100.0000

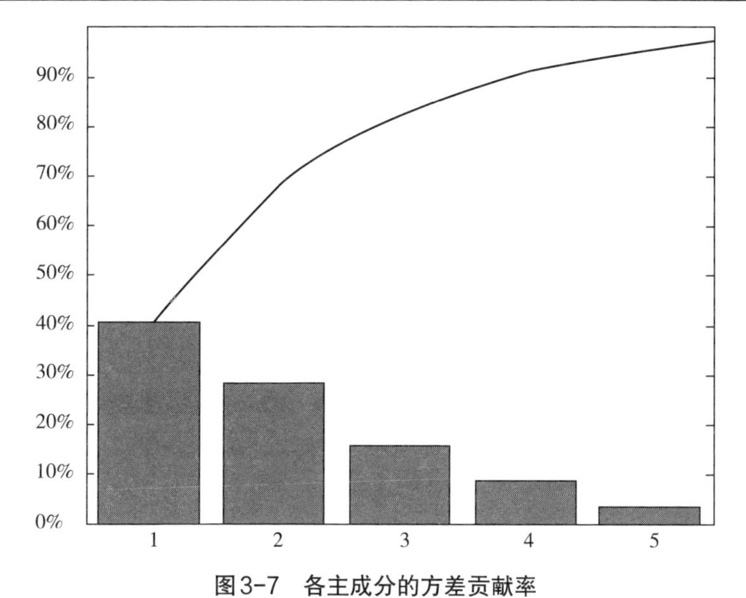

图3-7　各主成分的方差贡献率

Fig. 3-7　The variance contribution rate of each principal component

从表3-4和图3-7我们可以清晰地看到，前3个主成分对系统总方差的贡献率达到了84.2%，表3-5和表3-6是得到的3个主成分矩阵和主成分得分系数矩阵。用同样的方法对采集到的有效数据进行了分析，90%以上的样本前3个主成分对系统总方差的贡献率都在85%左右，这充分说明了被试对实验态度良好，采集的数据是有效的，前3个主成分基本能表达场景图像蕴含的情感语义信息，基于开放环境下的行为学实验是成功的，获得的场景图像的情感语义数据是非常有效的。

表3-5　主成分矩阵

Table 3-5　The Matrix of Principal Component

图像	成分		
	1	2	3
s1.jpg	0.720	−0.117	−0.596
s2.jpg	0.632	−0.538	−0.002
s3.jpg	0.475	0.796	0.188
s4.jpg	0.884	−0.059	0.304
s5.jpg	0.561	0.467	−0.498
s6.jpg	0.492	0.338	0.762
s7.jpg	0.719	0.291	0.277
s8.jpg	−0.752	0.303	0.398
s9.jpg	−0.194	0.906	−0.160
s10.jpg	−0.149	0.912	−0.311

表3-6　主成分得分系数矩阵

Table 3-6　The Coefficient Matrix of Score of Principal Component

图像	成分		
	1	2	3
s1.jpg	0.199	−0.038	−0.357
s2.jpg	0.175	−0.174	−0.001
s3.jpg	0.131	0.257	0.113
s4.jpg	0.244	−0.019	0.182
s5.jpg	0.155	0.151	−0.298
s6.jpg	0.136	0.109	0.457
s7.jpg	0.199	0.094	0.166
s8.jpg	−0.208	0.098	0.238
s9.jpg	−0.053	0.292	−0.096
s10.jpg	−0.041	0.294	−0.186

另外，为了进一步说明数据的有效性，我们在网站平台上对场景图像情感语义标注结果做了用户满意度调查问卷，收集整理了512份有效调查问卷，结果如图3-8所示。

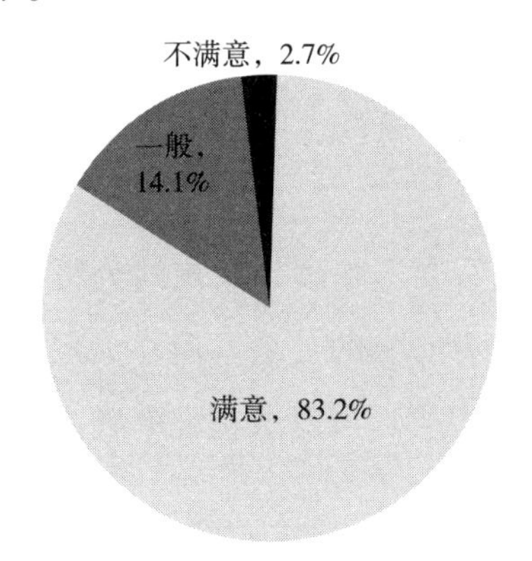

图3-8　用户满意度调查情况统计

Fig. 3-8　Customer-satisfaction Surveys

从图3-8中可以看到，接受调查的97.3%的用户对标注的结果是比较满意的，这也进一步说明了实验数据采集结果的有效性。

3.4　图像分析和检索的性能评测

图像分析和检索的方法很多，性能也有差异，由于存在很多主观因素，评价图像分析和检索的性能并不是一件容易的事。通常，查准率（Precision）和召回率（Recall）都是评价图像分析和检索方法性能的评测标准。

查准率是指在一次分析和检索的过程中，系统得到的相关图像数量占得到的所有图像数量的比例；召回率是指在一次分析和检索的过程中，系统得到的相关图像数量占图像库中所有相关图像数量的比例。其定义如下[式（3-6）、式(3-7)]:

$$P_{\text{Precision}} = \frac{n}{T} \times 100\% \tag{3-6}$$

$$P_{\text{Recall}} = \frac{n}{N} \times 100\% \tag{3-7}$$

式中，n为一次分析和检索过程中系统得到的相关图像的数量；T为一次分析和检索过程中系统得到的所有图像的数量；N为图像库中所有相关图像的数量。

通常，查准率和召回率越高，系统的分析和检索性能就越好，这两个指标从公式上看没有必然的关系，但在大规模的数据集合中，这两个指标是相互制约和矛盾的。当要求查准率较高时，召回率就较低；反之亦然。

在大规模数据分析和检索中，当查准率和召回率出现矛盾时，为了综合评价检索性能，通常使用一个综合评价标准F-measure指标来评价系统，它综合查准率和召回率的结果，是查准率和召回率的加权调和平均，F值越高，表明系统的综合检索性能越好，其定义如下[式(3-8)]：

$$F = \frac{(\alpha^2 + 1) \times P_{\text{Precision}} \times P_{\text{Recall}}}{\alpha^2 \times (P_{\text{Precision}} + P_{\text{Recall}})} \tag{3-8}$$

式中，α为调节参数，当$\alpha=1$时，就是最常用的F_1值评价指标[式(3-9)]。

$$F_1 = \frac{2 \times P_{\text{Precision}} \times P_{\text{Recall}}}{P_{\text{Precision}} + P_{\text{Recall}}} \tag{3-9}$$

一般认为，当F_1值较高时，系统就达到了查准率与召回率之间的最优平衡，获得了较好的分析和检索效果。本书使用查准率、召回率和F_1值衡量系统的分析和检索性能。

另外，应当说明的是，图像的分析和检索性能与图像数据库有很大的关系，对于不同的图像库，即使使用同一图像分析和检索方法，也有可能检索查准率和召回率存在较大差异。还有一点是，在大数据时代，采用基于大数据技术的并行检索方式时，评价系统检索效率时标准有所不同，这将会在第6章做具体介绍。

3.5　本章小结

本章首先介绍了一些与场景图像情感语义理解相关的基本概念，接着介绍了图像的语义层次模型，为本书后续的研究内容明确了方向。重点设计了利用开放环境下的行为学实验获取场景图像情感语义数据的方法，并使用主成分分析法（PCA）分析了获取的数据，说明了采集的数据的有效性。最后给出了图像分析和检索常用的一些性能指标，为后续章节场景图像语义分析和检索性能的评价奠定了基础。

第4章　基于模糊理论的场景图像情感语义标注方法

为解决人们理解场景图像时存在的主观性和模糊性问题，本书提出了一种基于模糊理论的场景图像情感语义自动标注模型。使用语言变量（如非常、中性、几乎不）描述场景图像的情感语义模糊性，通过计算模糊隶属度量化了人们对场景图像理解的情感程度，并使用神经网络建模，实现了场景图像低层颜色视觉特征到情感语义模糊理解的映射，最后，通过对比实验，验证了提出的方法的有效性和实用性。

4.1　模糊理论

4.1.1　概述

自然界中的所有事物根据其概念的内涵和外延的不同，大致可以分成两大类：确定性事物和不确定性事物。对于确定性事物，其概念都有明确的意义，如“一支笔”“偶数”“硬币”等，在数学中一般用普通集合来表示这类概念。如图4-1所示的是由不同年龄的人构成的普通集合。

但在现实生活中，还有另外一些概念，如“许多人”“非常大”“天要下雨”等，这些都属于不确定事物的概念范畴。对于不确定性事物，有一部分事物其本身的概念非常明确，但不能确定其是否发生，如“天要下雨”，这类事物被称为随机性事物，在数学中一般用概率论和随机过程来描述；还有一部分不确定性事物称为模糊性事物，它们在形态和类属方面表现出一定程度的不确定性，在相似事物间存在一定的过渡，彼此之间没有明确的分界线，事物本身的概念模糊不清，如“许多人”“非常大”等，这类事物就用模糊理论中的相关概念来表示。

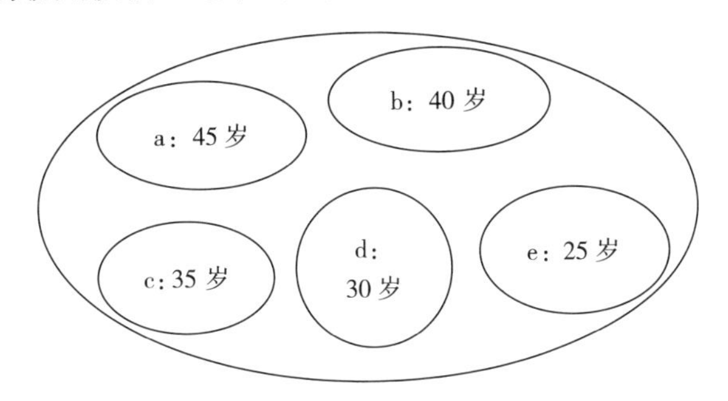

图 4-1　普通集合示例

Fig. 4-1　Example of Ordinary Set

模糊理论是人工智能领域的重要理论之一，它是在 1965 年由美国加州大学伯克利分校的扎德教授在他的一篇论文 *Fuzzy Sets* 中提到的，首次提出采用模糊集合的概念表示模糊性事物，并使用“隶属度”这个概念精确地表述元素与模糊集合之间的关系，标志着模糊数学的诞生[103]。图 4-2 给出了用模糊集合描述如图 4-1 所示的普通集合人群隶属“中年人”的程度。

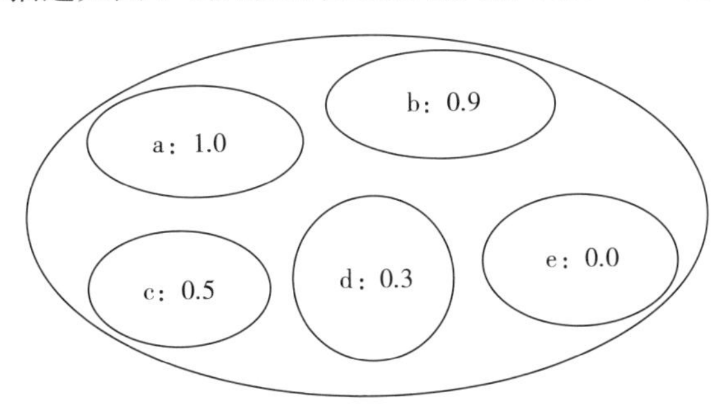

图 4-2　模糊集合示例

Fig. 4-2　Example of Fuzzy Set

隶属度是模糊集合建立的基石，但隶属度的确定至今没有一个统一的标准，它往往包含人脑的加工，是一种心理过程。大量的心理物理学实验表明：人们因各种感觉获得的心理量与因外界刺激得到的物理量之间存在相当严格的关系，只有对心理测量结果进行运用和修正，才能得到正确的隶属度。后来，研究者将人工智能领域的知识表示和知识推理方法引入模糊理论中，并将模糊集应用到知识工程中，从而形成了模糊逻辑和模糊推理。迄今模糊理论主要涉及模糊集合论、模糊逻辑、模糊推理以及模糊控制等方面的内容，其理论和技术已很成熟，应用也非常广泛。

4.1.2 基本定义

（1）模糊集A：对于一个给定论域U，从U到单位区间$[0,1]$的一个映射记为$\mu_A: U \to [0,1]$，称为论域U上的一个模糊集或模糊子集。

其中，映射$\mu_A(\cdot)$称为模糊集A的隶属函数，对于模糊集A中的任一元素x，$\mu_A(x)$称为x在模糊集A上的隶属度。

当模糊集包含有限个元素时，有三种表示方法：

扎德表示法：$A = \frac{A(u_1)}{u_1} + \frac{A(u_2)}{u_2} + \frac{A(u_3)}{u_3} + \cdots$

向量表示法：$A = \{A(u_1), A(u_2), A(u_3), \cdots\}$

序偶表示法：$A = \{(u_1, A(u_1)), (u_2, A(u_2)), (u_3, A(u_3)), \cdots\}$

当模糊集包含无限个元素时，一般用以下形式的扎德表示法表示：$A = \int \frac{A(u)}{u}$。

（2）隶属度原则：设在论域U上有N个模糊子集$A_1, A_2, \cdots, A_N$，且对于任一A_i，其隶属度函数为$\mu_{A_i}(X)$，对于任意的$X_0 \in \mathrm{U}$，如果有$\mu_{A_i}(X_0) = \max\{\mu_{A_1}(X_0), \mu_{A_2}(X_0), \cdots, \mu_{A_N}(X_0)\}$，则称$X_0$属于$A_i$。

（3）贴近度：设A_1和A_2是论域U上的两个模糊子集，则A_1和A_2之间的贴近度定义为$(A_1, A_2) = \frac{1}{2}[A_1 \cdot A_2 + (1 - A_1 \times A_2)]$。其中，$A_1 \cdot A_2$称为模糊

集A_1和A_2的内积，定义为$\bigvee_{x\in E}(A_1(x)\wedge A_2(x))$；$A_1\times A_2$称为模糊集$A_1$和$A_2$的外积，定义为$\bigwedge_{x\in E}(A_1(x)\vee A_2(x))$。

4.2　颜色视觉特征提取

在图像检索过程中，颜色特征是使用最为广泛的视觉特征，在通常情况下，颜色被定义在一个特定的颜色空间，Plataniotis[104]等在 *Color Image Processing and Applications* 一书中阐述了多种颜色特征空间及其不同的应用场合。在图像检索系统中常用的、与人的视觉感知较接近的颜色空间有RGB，HSV 和 YCrCb 等[105-107]，常用的低层颜色视觉特征表示方法有颜色直方图、颜色协方差矩阵、颜色矩和颜色相关向量等[108-109]。MPEG-7 标准将主颜色、颜色结构、可扩展颜色和颜色布局作为颜色特征[110]。这些特征仅仅在描述人们观察图像时的色彩视觉是非常有效的，但与描述高层颜色语义并没有直接的关联。为了更准确地实现颜色视觉特征到高层语义特征的映射，一些学者[111,112]提出首先对图像进行分割，然后将图像各区域像素点的颜色平均值作为整幅图像的颜色特征，但这种方法的性能在很大程度上依赖于图像分割的性能，而目前图像分割算法的性能都不很理想。因此，对于图像颜色特征的提取，目前还没有一种通用的算法对每种类型的图像都有很好的效果，在一般情况下，是针对某种类型的图像研究使用特定的颜色特征提取方法。结合场景图像的特征，本书提出一种基于权重的不规则分块场景图像颜色特征提取算法。

4.2.1　颜色空间的选取

颜色空间，也称为彩色模型、彩色空间、彩色系统，其作用是在特定的标准下使用通常可以接受的方式对色彩进行说明。在数字图像处理过程中，选择合适的颜色空间是至关重要的。

4.2.1.1 RGB颜色空间

RGB颜色空间（图4-3）是通过对三种基本颜色[红（Red）、绿（Green）、蓝（Blue）]不同程度的叠加形成各种各样的颜色，是一种光混合配色体系。RGB图像中每个像素点的R、G、B分量都是一个0~255的灰度值，因此按照不同的比例混合就可产生256×256×256=16581375种颜色，能涵盖人类视觉感知到的所用颜色，是目前使用最为广泛的颜色空间，在显示器系统中使用的都是RGB颜色空间。但由于其各颜色分量与亮度关系密切，即亮度改变，各颜色分量均随之改变，并且RGB颜色空间的细节很难进行数字化调整，因此在科研领域一般很少使用。

4.2.1.2 HSV颜色空间

HSV颜色空间（图4-4）是根据颜色的直观特性创建的，它从人的视觉系统出发，使用人眼颜色视觉特征的三要素[色调（Hue）、饱和度（Saturation）和亮度（Value）]来描述色彩。色调（H）就是平常所说的红、绿、蓝等基本颜色，用角度来度量，取值为0°~360°。饱和度（S）是指颜色的纯度，饱和度越高，颜色越纯，取值为0.0~1.0。亮度（V）则是指光的强度，取值为0.0~1.0。由于HSV颜色空间直接对应人眼颜色视觉特征的三要素，因此它比RGB颜色空间更符合人们的视觉特性，成为图像处理领域最常用的颜色空间模型。

由于日常采集的图像数据大多是RGB模式的，因此在处理之前需要将其转换为HSV颜色空间的图像，转换公式[113]见式（4-1）~式（4-3）：

$$H=\begin{cases}\theta & (G \geqslant B)\\ 2\pi-\theta & (G<B)\end{cases} \tag{4-1}$$

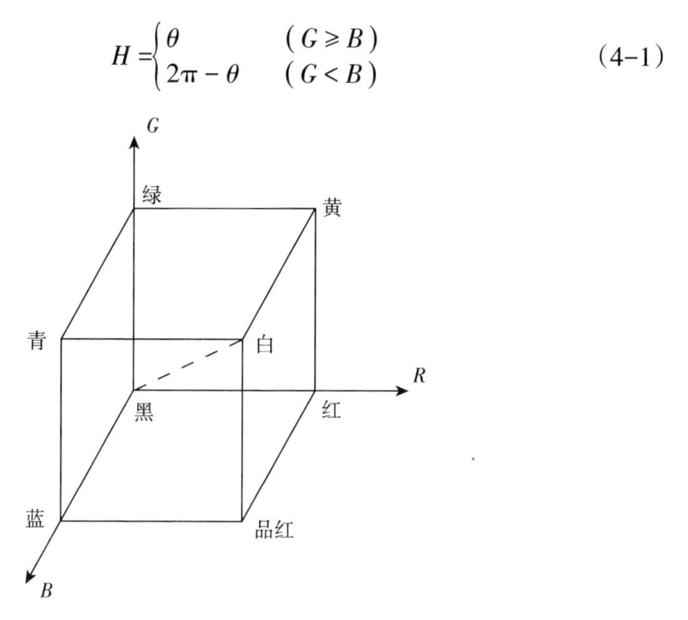

图4-3　RGB颜色空间

Fig. 4-3　RGB Color Space

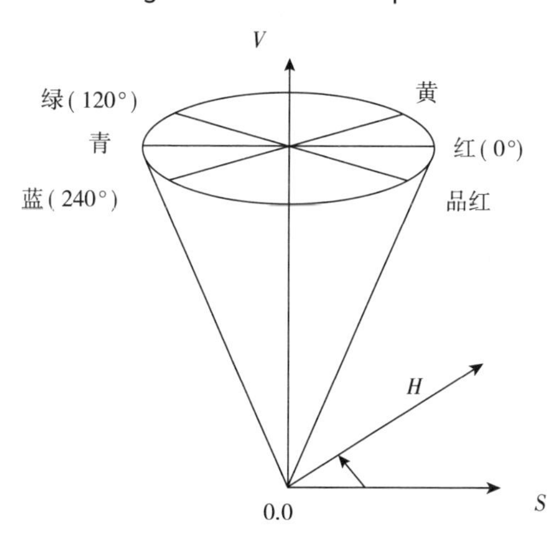

图4-4　HSV颜色空间

Fig. 4-4　HSV Color Space

$$S=1-\frac{\sqrt{3}}{V}\min(R,G,B) \tag{4-2}$$

$$V=\frac{1}{\sqrt{3}}(R+G+B) \tag{4-3}$$

其中，$\theta=\arccos\left\{\frac{\frac{1}{2}[(R-G)+(R-B)]}{\sqrt{(R-G)^2+(R-B)(G-B)}}\right\}$。

4.2.1.3 YCrCb颜色空间

YCrCb颜色空间，也称YUV颜色空间，是一种复合颜色视频标准。其中Y是颜色的明亮度，C_r是颜色中红色的分量值，C_b是颜色中蓝色的分量值。使用YCrCb颜色空间主要是优化彩色视频信号的传输，适合图像文件的压缩。将RGB颜色空间转换为YCrCb颜色空间的公式见式（4–4）[114]：

$$\begin{pmatrix}Y\\C_r\\C_b\end{pmatrix}=\begin{pmatrix}0.299 & 0.587 & 0.144\\0.5 & -0.4187 & -0.0813\\-0.1687 & -0.3313 & 0.5\end{pmatrix}\begin{pmatrix}R\\G\\B\end{pmatrix}+\begin{pmatrix}0\\128\\128\end{pmatrix} \tag{4-4}$$

颜色空间的应用非常广泛，不同的应用领域会选择不同的颜色空间。在视频分析和图像处理领域应用最多的还是HSV颜色空间，因此，本书在提取场景图像的颜色特征时采用的就是HSV颜色空间。

4.2.2 HSV颜色空间量化

大量研究[115, 116]表明，将HSV颜色空间按照人对色彩的视觉感知进行非等间隔量化效果较好。步骤如下：

（1）根据人对色彩的视觉感知分辨能力，将色度（H）划分成8份，饱和度（S）和亮度（V）各划分成3份；

（2）结合色彩的范围和人的主观颜色感知进行量化；

（3）根据光学理论知识，图像的颜色与光的波长和频率密切相关，不同的颜色光在真空中的波长和频率是不一样的，因此可以将色调（H）进行不等间隔量化，得到如下量化计算公式[式(4-5)~式(4-7)]：

$$H=\begin{cases}0 & (h\leqslant 20 \text{ 或 } h\geqslant 316)\\1 & (21\leqslant h\leqslant 40)\\2 & (41\leqslant h\leqslant 75)\\3 & (76\leqslant h\leqslant 155)\\4 & (156\leqslant h\leqslant 190)\\5 & (191\leqslant h\leqslant 270)\\6 & (271\leqslant h\leqslant 295)\\7 & (296\leqslant h\leqslant 315)\end{cases} \tag{4-5}$$

$$S=\begin{cases}0 & (0.0\leqslant s<0.2)\\1 & (0.2\leqslant s<0.7)\\2 & (0.7\leqslant s<1.0)\end{cases} \tag{4-6}$$

$$V=\begin{cases}0 & (0.0\leqslant v<0.2)\\1 & (0.2\leqslant v<0.7)\\2 & (0.7\leqslant v<1.0)\end{cases} \tag{4-7}$$

（4）根据（3）的结果，将3个颜色分量合成一个特征向量，构造的特征向量为$\boldsymbol{L}=9\boldsymbol{H}+3\boldsymbol{S}+\boldsymbol{V}$。

这样就将HSV颜色空间的三个分量在$\boldsymbol{L}$这个特征向量上分布开了，被量化成了一个含有72种颜色的特征向量。

4.2.3　基于权重的不规则分块场景图像颜色特征提取

颜色特征是图像理解和处理过程中最常用的特征，而对于场景图像来说，图像本身不规则，纹理和形状特征并不明显，因此，颜色特征便成为反映场景图像信息的关键特征。全局颜色特征由于难以体现图像的空间分布信息而很少被使用，在研究中一般提取图像的局部颜色特征，提取图像局部颜色特征需要对图像进行分割，而目前各种图像分割算法的效果并不是很理想。为了避免由于图像分割效果不佳导致图像局部颜色特征提取不准确，一些研究学者提出采用分块的思想对图像进行分割。结合场景图像本身的特性和人们的视觉特性，图像的中心部分更能反映其蕴含的内容和语义，而4个边角部分不很重要，为此本书提出了基于权重的不规则分块场景图像底层颜色视觉特征提取方法，将一幅场景图像划分为8块，分别提取各块的主颜色，分块策略如图4-5所示。

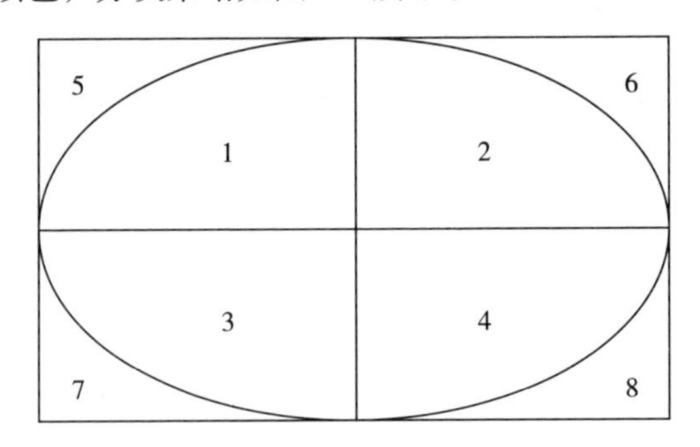

图4-5 分块策略

Fig. 4-5 The Sub-block Strategy

提取各分块主颜色的过程为：

（1）转换颜色空间。按照4.2.1节的方法，将图像从RGB颜色空间变换到HSV空间；

（2）量化颜色空间。按照4.2.2节的方法，将HSV颜色空间量化为72级；

（3）求解各种颜色所占百分比。将各分块图像的颜色累加成72级的颜色直方图，并对其归一化，得到分块中各颜色所占百分比；

（4）确定主颜色。选择百分比最大的前5种颜色作为该分块图像的主颜色 $C_D=\{\{c_i,p_{c_i}\};i=1,\cdots,5;0\leqslant p_{c_i}\leqslant 1\}$。其中，$c_i$ 是颜色，p_{c_i} 表示该颜色所占的比例。

计算场景图像颜色特征向量的方法为：设 $\boldsymbol{F}_i$（$i=1,\cdots,8$）为第 i 分块的颜色特征向量，$\boldsymbol{F}_{\text{avg}}(m,n)$ 为第 m 分块的特征向量 $\boldsymbol{F}_m$ 和第 n 分块的特征向量 $\boldsymbol{F}_n$ 的平均值，则定义：$\boldsymbol{F}_{15}=\{\boldsymbol{F}_1,\boldsymbol{F}_{\text{avg}}(1,5)\}$，$\boldsymbol{F}_{26}=\{\boldsymbol{F}_2,\boldsymbol{F}_{\text{avg}}(2,6)\}$，$\boldsymbol{F}_{37}=\{\boldsymbol{F}_3,\boldsymbol{F}_{\text{avg}}(3,7)\}$，$\boldsymbol{F}_{48}=\{\boldsymbol{F}_4,\boldsymbol{F}_{avg}(4,8)\}$。

这样$\boldsymbol{F}_{15}$、$\boldsymbol{F}_{26}$、$\boldsymbol{F}_{37}$，$\boldsymbol{F}_{48}$这4个特征向量以图4-5中分块1、2、3、4中包含的颜色信息为核心，同时也包含了4个边角部分（分块5、6、7、8）的特征信息。整幅场景图像的颜色特征向量就定义为$\mathrm{avg}(\boldsymbol{F}_{15},\boldsymbol{F}_{26},\boldsymbol{F}_{37},\boldsymbol{F}_{48})$，即$\boldsymbol{F}_{15}$、$\boldsymbol{F}_{26}$、$\boldsymbol{F}_{37}$、$\boldsymbol{F}_{48}$这4个特征向量的平均值。

4.3　场景图像的模糊语义描述

前面在4.1节我们定义了情感变量，利用情感变量可以很好地描述场景图像在语义理解方面存在的模糊性，本节将详细介绍场景图像的模糊语义描述方法。

4.3.1　情感值的确定

为了更好地讨论场景图像的语义模糊性，给出3个定义。

定义1　情感变量：是一个用五维向量$<x,E(x),U,G,T>$表示的语言变量。其中，x是情感变量的名称，$E(x)$是情感变量用情感形容词表示的情感值集合，U是情感变量所在的论域（本书是指场景图像的HSV颜色特征提取空间），G是产生情感值的情感规则，T是计算情感隶属度的情感规则映射。

定义2　基本情感值：是指从语义层面不可再分割的情感值。

定义3　扩展情感值：是描述基本情感值程度的情感值。

我们仍然使用第3章介绍的OCC情感模型作为研究实验的情感模型，由选择出来的10个与场景图像情感语义相关的情感词构成了基本情感值集合{悲伤，恐惧，讨厌，放松，生气，失望，害怕，快乐，骄傲，希望}。然后，为进一步描述人们对场景图像理解的程度，又确定了扩展情感值集合{非常，中性，几乎不}。这样，由基本情感值和扩展情感值就构成了整个情感值集合$E(x)$，见表4-1。

表4-1 场景图像的情感值集合

Table 4-1 The Emotional Value Set of Scene Images

基本情感值	扩展情感值		
悲伤	非常悲伤	悲伤	几乎不悲伤
恐惧	非常恐惧	恐惧	几乎不恐惧
讨厌	非常讨厌	讨厌	几乎不讨厌
放松	非常放松	放松	几乎不放松
生气	非常生气	生气	几乎不生气
失望	非常失望	失望	几乎不失望
害怕	非常害怕	害怕	几乎不害怕
快乐	非常快乐	快乐	几乎不快乐
骄傲	非常骄傲	骄傲	几乎不骄傲
希望	非常希望	希望	几乎不希望

4.3.2 情感规则G

情感规则G也是描述情感变量很重要的一部分语法规则，它能对基本情感变量加以扩展并丰富情感语义的含义。对于本书研究的场景图像，构建的情感规则G为：

<情感表达式>::==<扩展情感值>|<基本情感值>

<扩展情感值>::==<隶属变量>|<基本情感值>

<隶属变量>::==非常|中性|几乎不

<基本情感值>::==悲伤|恐惧|讨厌|放松|生气|失望|害怕|快乐|骄傲|希望

根据前人的实验研究[117]，将三个扩展情感值：非常（Very）、中性（Neutrally）和几乎不（Hardly）量化，见式(4-8)：

$$\begin{cases}[V_e(x)=\{T_e^2(x)\,|x\in U\}]\\ [N_e(x)=\{\sin(T_e(x)*\pi)\,|\,x\in U\}]\\ [H_e(x)=\{1-T_e(x)\,|x\in U\}]\end{cases} \tag{4-8}$$

其中，e表示基本情感值；$T_e(x)$是经模糊神经网络训练得到的模糊隶属度。

4.3.3　情感规则映射T

情感规则映射T是情感规则G从低级颜色视觉特征到高级情感语义特征的映射，也就是说，给定一个样本集$\{(\boldsymbol{F}_1,y_1),(\boldsymbol{F}_2,y_2),\cdots,(\boldsymbol{F}_n,y_n)\}$，其中，$\boldsymbol{F}_i$是4.2节提取的颜色特征向量，$y_i$是基本情感值的隶属度，这样就需要构造一个映射$T_e{:}\boldsymbol{F}\rightarrow y$，$e\in E(x)$，这就是情感变量的定义中提到的情感规则映射$T$。

4.4　基于T-S模糊神经网络的场景图像的情感语义特征映射

选择合适的机器学习算法，实现低层视觉特征到高层情感语义特征的映射，对于评价场景图像情感语义标注的效果是非常重要的。Datta[118]等使用支持向量机（SVM）和分类回归树（CART）算法学习语义规则进行特征映射，而Li[117]等采用遗传算法实现了语义规则映射。然而，人工神经网络在人类视觉感知理解方面表现出了强大的优势，尤其是T-S模糊神经网络在处理模糊集方面有很多优势。因此本节使用T-S模糊神经网络实现场景图像的情感语义特征映射。

4.4.1 T–S模糊神经网络（T–S FNN）

4.4.1.1 T–S FNN模糊系统原理

T–S模糊神经网络是一种自适应能力非常强的模糊系统，它能够自动更新和不断地修正模糊子集的隶属度函数，采用“if–then”规则进行模糊推理。对于规则R^i，其模糊推理为：

R^i：if x_1 is A_1^i, x_2 is $A_2^i, \cdots, x_k$ is A_k^i then $y_i = p_0^i + p_1^i x + \cdots + p_k^i x_k$

其中，A_j^i为T–S模糊神经网络中模糊系统的模糊集，p_j^i是模糊系统的参数，y_i为根据模糊规则推理得到的输出。也就是说，T–S模糊神经网络的输入部分（if部分）是模糊的，而输出部分（then部分）是确定的，它是输入的线性组合。其推理计算过程如下。

（1）计算输入变量的隶属度。对于输入$x=[x_1, x_2, \cdots, x_k]$，根据模糊规则，各输入变量$x_j$的隶属度$\mu_{A_j^i}$，见式（4–9）：

$$\mu_{A_j^i} = \exp[-(x_j - c_j^i)^2]/b_j^i \quad (j = 1,2,\cdots k;\ i = 1,2,\cdots,n) \tag{4–9}$$

其中，c_j^i为隶属度函数的中心；b_j^i为隶属度函数的宽度；k为输入参数的个数；n为模糊子集的个数。

（2）对各隶属度使用模糊算子进行模糊计算[式(4–10)]。

$$\omega^i = \mu_{A_j^1}(x_1) \times \mu_{A_j^2}(x_2) \times \cdots \times \mu_{A_j^k}(x_k) \quad (i = 1,2,\cdots n) \tag{4–10}$$

（3）计算模糊神经网络的输出值y_i[式(4–11)]。

$$y_i = \sum_{i=1}^{n} \omega^i (p_0^i + p_1^i x_1 + \cdots + p_k^i x_k) / \sum_{i=1}^{n} \omega^i \tag{4–11}$$

4.4.1.2 T–S FNN结构及学习算法

T–S FNN结构（图4–6）由前件网络和后件网络两大部分组成，前件网络的作用是用来匹配模糊规则的输入部分（if部分），后件网络是用来产生模糊规则的输出部分（then部分）。

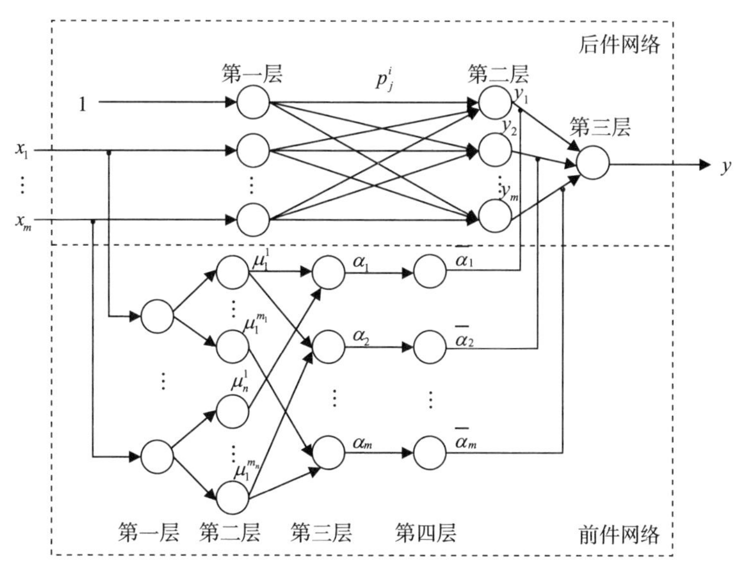

图4-6　T-S模糊神经网络结构

Fig. 4-6　The Structure of T-S FNN

前件网络分为四层：第一层为输入层；第二层的每个节点表示一个语言变量值；第三层的每个节点代表一条模糊规则，其用途是匹配模糊规则的前件，计算每条规则的模糊隶属度；第四层的作用是进行归一化计算，$\bar{\alpha}_j = \alpha_j \Big/ \sum_{j=1}^{m} \alpha_j$。

后件网络分为三层，由r个结构相同的并列子网络构成，每个子网络产生一个输出。第一层还是输入层，其中第0个节点的输入值是常量1，其用途是为模糊规则的后件提供常数项；第二层共有m个节点，作为计算每条模糊规则的后件：$y_{kj} = \omega_{j0}^k + \omega_{j1}^k x_1 + \cdots + \omega_{jl}^k x_l$，其中，$y_{kj}$是各模糊规则后件的加权和，其加权系数为各模糊规则归一化后的隶属度，也就是说，前件网络的输出作为后件网络第三层（输出层）的连接权值。

T-S FNN的学习算法如下。

（1）计算误差[式(4-12)]。

$$e=\frac{1}{2}\left(y_d-y_c\right)^2 \tag{4-12}$$

式中，y_d为网络的期望输出值；y_c为网络的实际输出值。

（2）修正系数[式(4-13)、式(4-14)]。

$$p_j^i(k)=p_j^i(k-1)-\alpha\frac{\partial e}{\partial p_j^i} \tag{4-13}$$

$$\frac{\partial e}{\partial p_j^i}=\frac{(y_d-y_c)\,\omega^i}{\sum_{i=1}^{m}\omega^i\cdot x_j} \tag{4-14}$$

式中，p_j^i是神经网络系数；α是网络的学习率；x_j是网络的输入参数；ω^i是各输入参数隶属度的连乘的乘积。

（3）修正参数[式(4-15)、式(4-16)]。

$$c_j^i(k)=c_j^i(k-1)-\beta\frac{\partial e}{\partial c_j^i} \tag{4-15}$$

$$b_j^i(k)=b_j^i(k-1)-\beta\frac{\partial e}{\partial b_j^i} \tag{4-16}$$

式中，c_j^i为隶属度函数的中心；b_j^i为隶属度函数的宽度。

4.4.2 语义特征映射

基于T-S模糊神经网络的场景图像语义特征映射过程如下：

（1）在SUN Database中选择1000张有代表性的场景图像，500张作为训练集，500张作为测试集；

（2）采用基于权重的不规则分块颜色特征提取方法（4.2节），提取场景图像的低层颜色特征；

（3）利用开放环境下行为学实验平台（3.3节），获取场景图像的情感语义特征；

（4）根据（2）和（3），建立训练集的规则库；

（5）将提取的低层颜色特征向量作为T-S FNN的输入，训练神经网络并用测试集测试，得到场景图像的各情感语义特征的隶属度和基本情感语义特征；

（6）根据式（4-8），计算场景图像的情感语义特征的模糊隶属度。

为便于训练，将表4-1中的10个基本情感变量按顺序赋值（0~9）。图4-7是T-S模糊神经网络的训练过程。

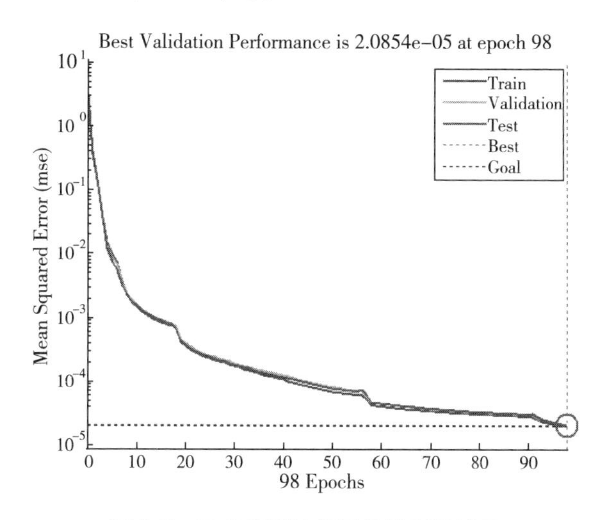

图4-7 T-S模糊神经网络的训练过程

Fig. 4-7 The Train Process of T-S FNN

经过训练学习，可以得到10个基本情感变量值的模糊隶属度，例如，对于基本情感变量值“快乐”，如果经过训练得到的隶属度为0.85，就说明这张场景图像给人以“快乐”感觉的隶属度为0.85。这样就可以将场景图像的特征表示为一个10维特征向量：$\boldsymbol{F}=\{y_1,y_2,\cdots,y_{10}\}$，其中，$y_i(i=1,2,\cdots,10)$是场景图像的10个基本情感值对应的模糊隶属度。

如果训练后得到一张场景图像的描述情感语义变量的特征向量为：$\boldsymbol{F}=\{0.95,0.71,0.74,0.31,0.92,0.82,0.85,0.03,0.14,0.01\}$，那么根据式（4-8），这张图像的扩展情感值见表4-2。

表4-2 场景图像的扩展情感值集合示例

Table 4-2 The Example of Extended Emotional Value Set of Scene Images

基本情感值	基本情感值隶属度	扩展情感值隶属度		
		非常（V_e）	中性（N_e）	几乎不（H_e）
悲伤（0）	0.95	0.9025	0.157929	0.05
恐惧（1）	0.71	0.5041	0.790848	0.29
讨厌（2）	0.74	0.5476	0.729775	0.26
放松（3）	0.31	0.0961	0.826803	0.69
生气（4）	0.92	0.8464	0.250109	0.08
失望（5）	0.82	0.6724	0.536929	0.18
害怕（6）	0.85	0.7225	0.455196	0.15
快乐（7）	0.03	0.0009	0.094061	0.97
骄傲（8）	0.14	0.0196	0.425578	0.86
希望（9）	0.01	0.0001	0.031395	0.99

图4-8和图4-9分别是训练集场景图像数量为100张时的训练输出和误差情况。

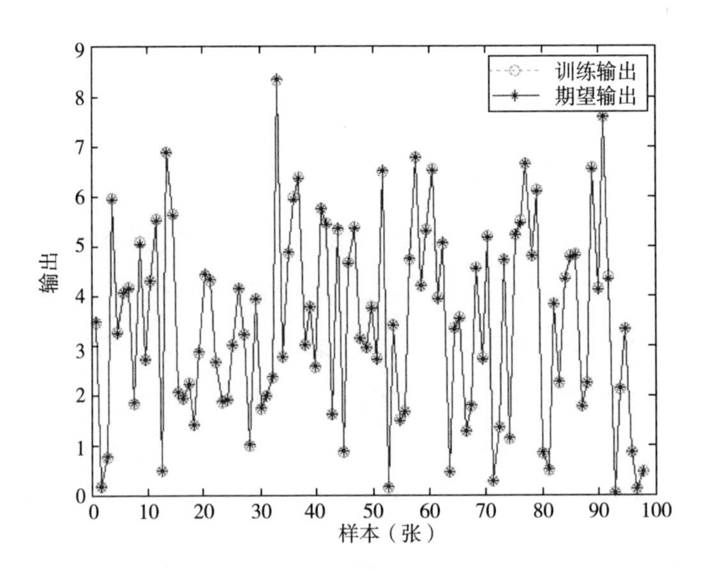

图4-8 T-S模糊神经网络的训练输出

Fig. 4-8 The Train Output of T-S FNN

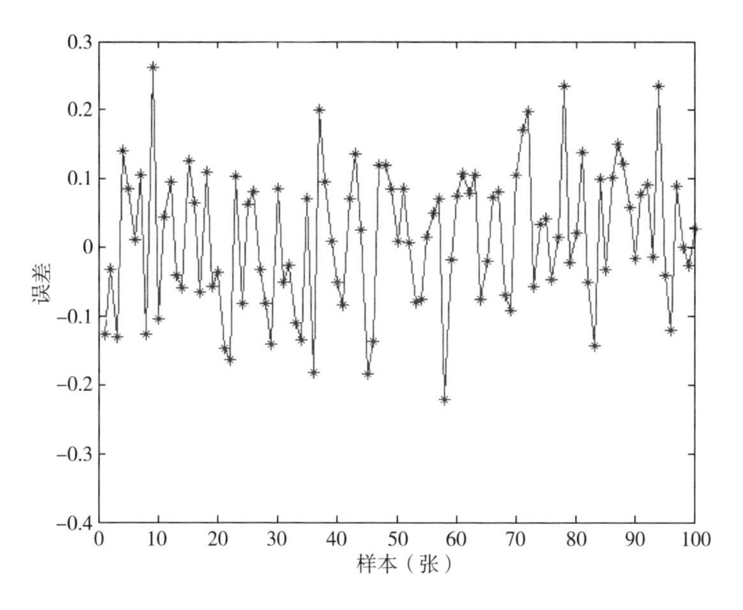

图 4-9　T-S 模糊神经网络的训练误差

Fig. 4-9　The Train Error of T-S FNN

4.5　场景图像的情感语义自动标注

场景图像的情感语义自动标注就是使用现有图像库构建训练集和测试集，通过机器学习的方法学习训练及建立情感语义概念模型，然后再利用建立的模型对未知场景图像进行测试，实现自动标注。本书应用模糊理论的原理，使用T-S模糊神经网络进行情感语义特征映射，实现了使用带有模糊隶属度的情感形容词对场景图像进行自动标注，即通过T-S模糊神经网络训练和测试得到场景图像各基本情感值得模糊隶属度，然后利用式（4-8）计算得到各基本情感值对应的扩展情感值，最后从中选择隶属度最大的两个情感形容词对场景图像进行标注。为使得标注结果更易于理解，本书将扩展情感值“几乎不”对应的情感值标注为相应基本情感值{悲伤，恐惧，讨厌，放松，生气，失望，害怕，快乐，骄傲，希望}的反义形容词，即{高兴，淡定，喜欢，紧张，开心，希望，放松，悲伤，沮丧，绝望}。对于表4-2中的示例，该场景图像的标注结果为：非常悲伤（0.9025），绝望（0.99）。

基于模糊理论的场景图像情感语义自动标注框架如图4-10所示。

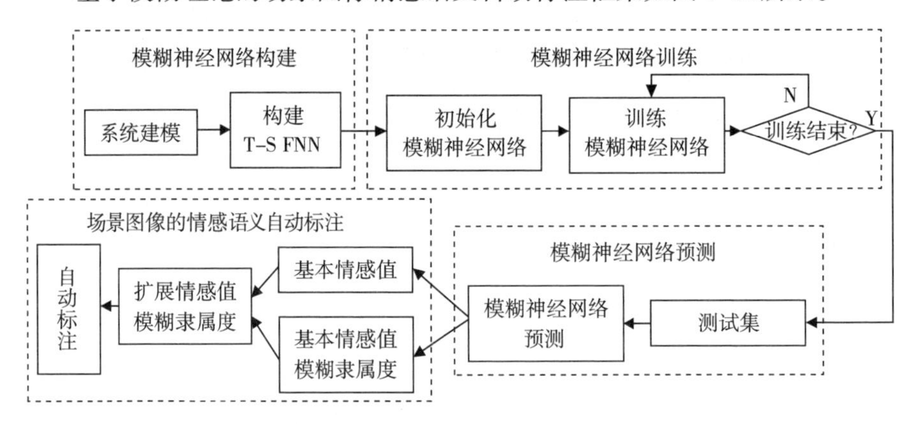

图4-10　场景图像情感语义自动标注框架

Fig. 4-10　Automatic Semantic Annotation Framework of Scene Images

4.6　实验结果及分析

为验证本书提出的方法的有效性，作者在Matlab环境下开发了一个场景图像的情感语义自动标注系统，利用测试集进行了测试。

图4-11是部分场景图像情感语义自动标注的结果。

为进一步验证自动标注的准确性，将500张测试集图像的自动标注结果与开放环境下行为学实验平台中得到的人工标注结果进行了比较。为便于比较，对这500张场景图像做人工标注时，除进行了基本情感值的标注外，还标注了扩展情感值，选择对其评价最多的两个情感形容词做人工标注，但不标注隶属度。本书做了两种对比：①以人工标注的基本情感值为基准，即只要自动标注结果中含有的基本情感值与人工标注结果一致，就认为标注结果正确。经实验，500张测试图像中有451张图像的自动标注结果中包含人工标注的基本情感值，标注准确率达到了 451/500 × 100% = 90.2%。②以人工标注的扩展情感值为基准进行比较。经实验，500张测试图像中有432张图像的自动标注结果与人工标注结果一致，准确率是 432/500 × 100% = 86.4%。表4-3和表4-4分别列出了测试场景图像的自动标注结果在基本情感值和扩展情感值下相对于人工标注结果准确率的最高值、最低值及平均值。

图4-11　部分场景图像情感语义自动标注结果

Fig. 4-11　Result of Automatic Semantic Annotation of Partial Scene Images

表4-3 基本情感值标注准确率

Table 4-3 The Annotation Accuracy of Basic Emotional Value

情感值	悲伤	恐惧	讨厌	放松	生气	失望	害怕	快乐	骄傲	希望
最高值	91.4%	93.2%	86.3%	94.5%	88.2%	84.1%	90.3%	95.6%	82.2%	92.7%
最低值	88.1%	89.4%	80.6%	91.1%	82.0%	79.2%	87.4%	92.8%	75.1%	90.2%
平均值	90.1%	91.6%	83.8%	92.3%	85.4%	81.6%	88.5%	93.7%	79.8%	90.7%

表4-4 扩展情感值"非常"的标注准确率

Table 4-4 The Annotation Accuracy of Extended Emotional Value "Very"

情感值	悲伤	恐惧	讨厌	放松	生气	失望	害怕	快乐	骄傲	希望
最高值	89.2%	91.4%	84.6%	92.6%	86.2%	81.3%	87.2%	93.2%	80.1%	89.9%
最低值	85.1%	86.1%	78.3%	87.9%	80.0%	76.6%	84.5%	90.1%	72.6%	84.5%
平均值	87.2%	89.0%	81.7%	90.3%	83.4%	78.7%	85.6%	91.5%	75.9%	86.8%

从表4-3和4-4中可以看到，仅有基本情感值的标注准确率相对较高，在加上扩展情感值以后，系统的标注准确率会有所降低。这充分说明，不同的用户对于同一张场景图像，其情感理解的总体方向是一致的，但理解的深浅程度是有一定差异的。另外，部分情感形容词"骄傲""失望""生气""讨厌"的自动标注准确率较低，这也说明与这些情感词相关的视觉元素在情感语义理解层面上是比较模糊的。

4.7 本章小结

本章主要根据模糊理论，对场景图像在情感语义理解层面上存在的模糊性进行了探讨研究。本章首先介绍了模糊理论的原理和一些基本概念；然后讨论了低层颜色特征的提取方法，包括颜色空间的选择和量化、主要的颜色特征提取方法，提出了一种基于权重的不规则分块颜色特征提取方法；接下来对场景图像的模糊语义进行了描述，确定了场景图像模糊语义描述的规则；最后应用T-S模糊神经网络实现了对场景图像情感语义的自动标注，经实验，基本情感值的自动标注准确率达到了90.2%，扩展情感值的标注准确率可达86.4%，验证了提出的方法的有效性。

第5章　基于Adaboost-PSO-BP神经网络的场景图像情感语义类别预测算法

图像的语义分类是近年来在计算机视觉领域研究非常活跃的一个课题，其目的是使用智能算法，开发研制自动化的系统，正确理解图像的内容，实现对海量图像的有效组织和管理。本章针对场景图像，提出一种基于Adaboost-PSO-BP神经网络的图像情感语义类别预测算法，首先融合人的情绪、性格等因素，改进了OCC情感模型，然后利用Adaboost算法构建强预测器，大大改善了由单一BP神经网络进行类别预测的效果，实验结果验证了算法的性能。

5.1　融合情绪、性格因素的OCC情感模型

人类不仅具有很强的逻辑思维能力，而且还具有情绪的控制和表达能力，不同性格的人，其情绪控制和表达能力也不相同。人工智能技术赋予了计算机一定的逻辑推理能力以后，如何让计算机也能像人一样富有情感，这也是目前一个重要的研究课题。OCC情感模型通过构造一些情感规则来表述情感，但它仅仅考虑了情感本身的认知因素产生机制，并没有考虑人的情绪、性格等非认知因素，因此，OCC情感模型在表达情感方面存在一定的不足。针对上述问题，本书对OCC情感模型加以改进，在情感建模时加入了情绪和性格这两个非认知因素。

5.1.1　情绪因素描述

5.1.1.1　情绪空间

Hidenori 和 Fukuda[119]提出了情绪空间的概念，起初研究的是二维情绪空间，在这个空间中，定义了四种基本情绪：冷静（A）、愤怒（B）、快乐（C）、悲伤（D）。这样构成了情绪空间 $S=\{A, B, C, D\}$，其中，情绪 A 和 B、C 和 D 互为反向的情绪。图 5-1 是基本情绪空间和情绪表示的形象表示。

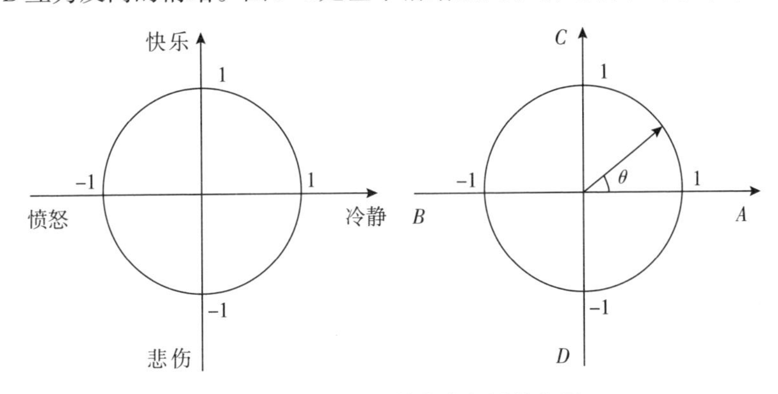

图 5-1　二维基本情绪空间及其表示

Fig. 5-1　Two-dimentional Basic Emotion Space and Representation

图中，横坐标轴表示“冷静”和“愤怒”这两种相反的情绪，纵坐标轴代表“快乐”和“悲伤”这两种相反的情绪。情绪的取值被限定在以“1”为半径的圆心和单位圆中，用一个向量表示，通过向量的模和方向来确定。

后来发展成三维情绪空间，它是在二维情绪空间的基础上增加了放松（E）和恐惧（F）两种情绪，构成了三维情绪空间 $S=\{A, B, C, D, E, F\}$，更加准确地表达人的情绪，如图 5-2 所示。

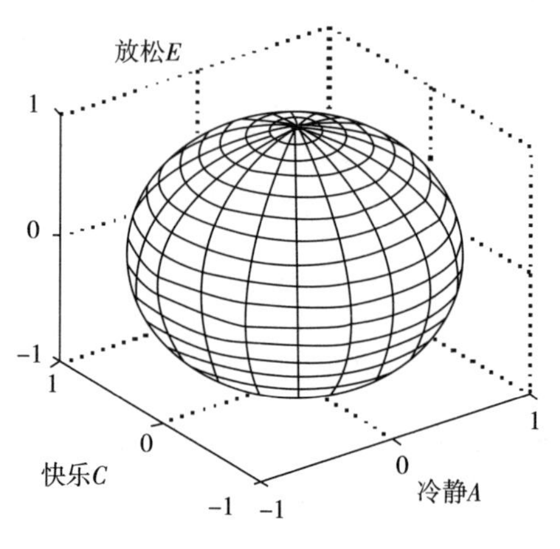

图5-2　三维情绪空间

Fig. 5-2　Three-dimentional Emotion Space

由于坐标原点属于无情绪状态，这不符合人的正常情绪，所以在三维情绪空间中就将坐标原点去掉了。目前研究的都是三维情绪空间。

5.1.1.2　基本定义

（1）情绪 e_s：$e_s=[x_s,y_s,z_s]$，其中，$x_s=\{x|x\in R,-1<x<1\}$，$y_s=\{y|y\in R,-1<y<1\}$，$z_s=\{z|z\in R,-1<z<1\}$，也表示为：$e_s=[x_s,y_s,z_s]=[x_A,y_C,z_E]=[-x_B,-y_D,-z_F]$。

（2）情绪强度 γ_s：即向量的模，$\gamma_s=\sqrt{x_s^2+y_s^2+z_s^2}=\sqrt{x_A^2+y_C^2+z_E^2}=\sqrt{(-x_B)^2+(-y_D)^2+(-z_F)^2}$。

5.1.1.3　情绪的运算

（1）判断情绪是否相同。如果两种或几种情绪在情绪空间中的各坐标轴的值相同或情绪强度相同，则认为这几种情绪是相同的。

（2）判断情绪类型。如果两种情绪或几种情绪在坐标平面内的斜率相同，则认为这几种情绪属于同一种情绪。

（3）比较情绪的强烈程度。如果两种或几种情绪都属于同一种情绪类型，则情绪强度大者情绪的强烈程度也大。

（4）情绪的加成或淡化。人的情绪在受到某种外界刺激时，当前的情绪就会受到影响。设当前的情绪状态为：$e_a=[x_a,y_a,z_a]$，当其受到外界刺激发生$e_b=[x_b,y_b,z_b]$的情绪变化时，现在的情绪可以用合成的方法计算，即情绪的加成或淡化函数为：$\phi(e_a+e_b)=e_{a+b}=[x_a,y_a,z_a]+[x_b,y_b,z_b]=[x_a+x_b,y_a+y_b,z_a+z_b]$。

5.1.1.4　情绪特征描述

为了准确地度量人的情绪，1974年，Mehrabian和Russell[120]提出了一个维度观测量模型——PAD模型，来有效地度量和解释人的心情。该模型与情感的外部表现、生理唤醒有很好的映射关系，它将情感分为愉悦度（P）、激活度（A）和优势度（D）三个维度，各维度取值范围是[−1, +1]。愉悦度（P）用来表示个体情感状态的正负特性，激活度（A）表示的是个体的神经生理激活水平，而优势度（D）则表示个体对情景或他人的控制状态。通过这三个维度的值就可表示具体的情感，如愤怒的坐标值为(−0.51, 0.59, 0.25)。

本书根据文献[121]，列出了从OCC情感模型中选择出来的与场景图像情感语义相关的10个情感形容词与PAD模型各维度值的映射关系，见表5-1。

表5-1　OCC情感模型与PAD模型的映射关系[121]

Table 5-1　The Mapping Relation of OCC Emotional Model and PAD Model[121]

OCC情感值	愉悦度（P）	激活度（A）	优势度（D）
悲伤	−0.40	−0.20	−0.50
恐惧	−0.50	−0.30	−0.70
讨厌	−0.60	0.60	0.30
放松	0.20	−0.30	0.40

续表

OCC情感值	愉悦度（P）	激活度（A）	优势度（D）
生气	-0.51	0.59	0.25
失望	-0.30	0.10	-0.40
害怕	-0.64	0.60	-0.43
快乐	0.30	0.10	0.20
骄傲	0.40	0.30	0.30
希望	0.20	0.20	-0.10

本书定义了一个三元组$M(P,A,D)(-1 \leqslant P,A,D \leqslant 1)$来描述的人在理解场景图像时所带有的情绪特征。

5.1.2 性格因素描述

相对于情感来说，性格是一个比较稳定的量。而对于性格因素的描述，目前学术界还没有一个统一的标准，本书采用心理学界应用最为广泛的五因素模型（FFM）来描述性格特征。FFM模型[88]经过了大量的实证研究的证实，主要的实证证据包括：①基本因素的跨文化一致性；②自我评定与观察者评定的一致性；③特质的得分与动机、情感、人际行为之间的关联；④遗传的影响。因此，FFM模型具备了充分的理论依据，是研究性格因素的核心理论。该模型将人的性格分为开放型（Openness，O）、责任型（Conscientiousness，C）、外向型（Extraversion，E）、宜人型（Agreeableness，A）和神经质型（Neuroticism，N）五大类。具体可描述如下。

开放型（O）：有创造力，富于想象，聪明；

责任型（C）：公正，克制，拘谨，可靠；

外向型（E）：外向，热情，充满活力；

宜人型（A）：愉快，利他，有感染力；

神经质型（N）：神经质，消极，敏感。

表5-2列出了FFM模型这五大性格特质的特征。

表5-2 FFM模型五大类性格特征[88]

Table 5-2 The Feature of Five Kinds of Character of FFM Model[88]

高分人群的特征	特征量	低分人群的特征
好奇、兴趣广泛、有创造力、有创新性、富于想象、非传统的	开放型（O） 评鉴对经验本身的积极寻求和欣赏；喜欢接受并探索不熟悉的经验	习俗化、讲实际、兴趣少、无艺术性、非分析性
有条理、可靠、勤奋、自律、准时、细心、整洁、有抱负、有毅力	责任型（C） 评鉴个体在目标取向行为上的组织性、持久性和动力性的程度，把可靠的、严谨的人与那些懒散的、邋遢的人做对照	无目标、不可靠、懒惰、粗心、松懈、不检点、意志弱、享乐
好社交、活跃、健谈、乐群、乐观、好玩乐、重感情	外向型（E） 评鉴人际间互动的数量和强度，活动水平，刺激需求程度和快乐的容量	谨慎、冷静、无精打采、冷淡、乐于做事、退让、话少
心肠软、脾气好、信任人、助人、宽宏大量、易轻信、直率	宜人型（A） 评鉴某人思想、感情和行为方面在同情至敌对这一连续体上的人际取向的性质	愤世嫉俗、粗鲁多疑、不合作、报复心重、残忍、易怒、好操纵别人
烦恼、紧张、情绪化、不安全、不准确、忧郁	神经质型（N） 评鉴顺应与情绪不稳定。识别那些容易有心理烦恼、不现实的想法、过份的奢望或要求以及不良应对反应的个体	平静、放松、不情绪化、果敢、安全、自我陶醉

本书定义了一个五元组$T(O,C,E,A,N)(-1 \leqslant O,C,E,A,N \leqslant 1)$来描述人的性格特征。

5.1.3 融合情绪、性格因素的情感建模方法

根据文献[122]，我们首先得到性格与情绪之间的映射关系[式(5-1)]：

$$\begin{cases} P = 0.21 \times E + 0.59 \times A + 0.19 \times N \\ A = 0.15 \times O + 0.30 \times A - 0.57 \times N \\ D = 0.25 \times O + 0.17 \times C + 0.60 \times E - 0.32 \times A \end{cases} \tag{5-1}$$

式中，P、A、D分别表示PAD模型中的三个维度值；O、C、E、A、N

分别表示FFM模型中的五类性格的取值。从而得到性格与情绪的映射矩阵为式（5-2）：

$$\boldsymbol{T\_M} = \begin{pmatrix} 0 & 0 & 0.21 & 0.59 & 0.19 \\ 0.15 & 0 & 0 & 0.30 & -0.57 \\ 0.25 & 0.17 & 0.60 & -0.32 & 0 \end{pmatrix} \tag{5-2}$$

即得式（5-3）：

$$\boldsymbol{M} = \boldsymbol{T\_M} \times \boldsymbol{T'} \tag{5-3}$$

式中，$\boldsymbol{M}$为描述情绪的三元组；$\boldsymbol{T'}$为描述性格的五元组。

然后，根据表5-1，得到OCC情感模型中的10个情感值与PAD模型中3个维度值之间的映射矩阵[式(5-4)]：

$$\boldsymbol{Y} = \begin{pmatrix} y_{00} & y_{01} & y_{02} \\ y_{10} & y_{11} & y_{12} \\ \vdots & \vdots & \vdots \\ y_{90} & y_{91} & y_{92} \end{pmatrix} = \begin{pmatrix} -0.4 & -0.2 & -0.5 \\ -0.5 & -0.3 & -0.7 \\ -0.6 & 0.6 & 0.3 \\ 0.2 & -0.3 & 0.4 \\ -0.51 & 0.59 & 0.25 \\ -0.3 & 0.1 & -0.4 \\ -0.64 & 0.6 & -0.43 \\ 0.3 & 0.1 & 0.2 \\ 0.4 & 0.3 & 0.3 \\ 0.2 & 0.2 & -0.1 \end{pmatrix} \tag{5-4}$$

因此，本书提出的融合情绪、性格因素后的OCC情感模型就被量化为式（5-5）：

$$\boldsymbol{T\_M}\_\mathrm{OCC} = \boldsymbol{Y} \times \boldsymbol{M} \tag{5-5}$$

这样就得到的10×1阶矩阵即为改进的量化了的OCC情感模型。

5.2 BP神经网络权值和阈值的优化

5.2.1 BP神经网络

BP神经网络是一种包含输入层、隐含层和输出层的单向传播的多层前馈型神经网络，也称反向传播网络，其拓扑结构如图5-3所示。

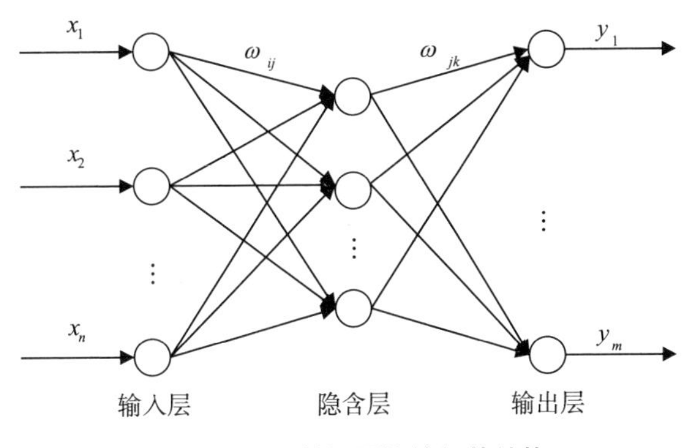

图5-3 BP神经网络的拓扑结构

Fig. 5-3 The Topological Structure of BP Neural Network

图5-3中，$x_1,\cdots,x_n$是网络的输入；$y_1,\cdots,y_m$是网络的预测输出；ω_{ij}和ω_{jk}是BP神经网络各层之间的连接权值。

从拓扑结构看出，可以将BP神经网络看成一个非线性函数，网络的输入和输出分别就是函数的自变量和因变量，BP神经网络就描述了从$x_1,\cdots,x_n$这n个自变量到$y_1,\cdots,y_m$这m个因变量的映射关系。BP神经网络的隐含层可以是多层，不同层之间神经元节点之间的传递函数一般使用连续可微的Sigmoid函数[式(5-6)]:

$$y_j = \frac{1}{1 + e^{-\sum_{i=1}^{m} \omega_{ij} x_i + \theta_j}} \tag{5-6}$$

式中，y_j是第j个节点的输出；x_i是第i个节点的输入；ω_{ij}是前一层节点i和后一层节点j之间的连接权值；θ_j是第j个节点的当前阈值。

BP神经网络包含正向传播和反向传播两个学习过程。在正向传播过程中，输入信息从输入层经隐含层处理，到达输出层，每一层神经元的状态只影响与其相邻的下一层神经元的状态。若在输出层没有得到期望的输出结果，BP神经网络则转入反向传播的学习过程，将正向传播过程中产生的误差信号沿原通路返回，并在这个过程中修改各层神经元的连接权值，使得误差最小化。BP神经网络的学习过程就是不断的修改各层神经元之间的连接权值和各神经元的阈值，从而使得网络的输出逐渐逼近期望输出。因此，BP神经网络可以实现任意复杂的非线性映射关系，并具有很好的泛化能力，完成复杂的模式识别任务。

但是，由于BP神经网络在开始训练时随机的将连接权值和节点的阈值初始化为[0,1]之间的一个任意值，这往往会导致网络的收敛速度慢并且不一定求得最优解；另外，BP神经网络使用的算法是基于函数误差梯度下降的思想，该算法并不具备全局搜索的能力。

5.2.2 粒子群优化算法（PSO）优化BP神经网络

5.2.2.1 基本PSO算法

粒子群优化算法（Particle Swarm Optimization，PSO）[123]是由Kennedy和Eberhart在1995年提出的一种启发于人工生命研究的智能优化算法。它源于对鸟类捕食行为的研究，是通过模拟鸟类觅食过程中的迁徙和群聚行为而得到的一种基于群体智能的全局搜索算法。该算法通过在可解空间中初始化一群粒子，每个粒子代表极值优化问题中的一个潜在最优解，使用位置、速度和适应度三个指标描述粒子的特征，粒子的适应度值由适应度函数计算，值的好坏表示粒子的优劣。粒子根据自身和同伴的飞行经验在解空间中运动，通过跟踪个体极值P_{best}和群体极值G_{best}不断更新个体位置和适应度值，从而在解空间中不断搜索，直到找到最优解。

设在一个D维的搜索空间，由n个粒子组成了一个种群$\boldsymbol{X}=(\boldsymbol{X}_1,\boldsymbol{X}_2,\cdots,\boldsymbol{X}_n)$，其中，任一粒子$X_i$都是一个$D$维的向量$\boldsymbol{X}_i=(x_{i1},x_{i2},\cdots,x_{iD})^{\mathrm{T}}$，表示粒子$X_i$在$D$维搜索空间中的位置，也表示问题的一个潜在解。根据目标函数计算出每个粒子所在位置对应的适应度值。设

第 i 个粒子的速度为 $\boldsymbol{V}_i=(V_{i1},V_{i2},\cdots,V_{iD})^{\mathrm{T}}$，对应的个体极值为 $\boldsymbol{P}_i=(P_{i1},P_{i2},\cdots,P_{iD})^{\mathrm{T}}$，种群的全局极值为 $\boldsymbol{P}_g=(P_{g1},P_{g2},\cdots,P_{gD})^{\mathrm{T}}$。在每次迭代过程中，粒子根据个体极值和全局极值更新自己的速度和位置，更新为式（5-7）和式（5-8）：

$$V_{id}^{k+1}=\omega V_{id}^{k}+c_1r_1(P_{id}^{k}-X_{id}^{k})+c_2r_2(P_{gd}^{k}-X_{id}^{k})\quad(d\in[1,D],i\in[1,n])\tag{5-7}$$

$$X_{id}^{k+1}=X_{id}^{k}+V_{id}^{k+1}\quad(d\in[1,D],i\in[1,n])\tag{5-8}$$

式中，ω代表惯性权重；k是当前的迭代次数；V_{id}表示粒子的速度；c_1和c_2称作加速度因子，是非负常数；r_1和r_2是介于0和1之间的随机数。

PSO算法利用粒子个体间的协作与竞争，解决了求解多维空间最优解的问题。

5.2.2.2 PSO优化BP神经网络模型

基于PSO算法优化BP神经网络的思想是：将PSO算法和BP神经网络算法相结合，利用PSO算法对BP神经网络的初始权值阈值分布进行优化，在解空间中定位出一个较好的小的搜索空间，然后由BP神经网络在这个较小的搜索空间中求出最优解。算法流程如图5-4所示。

算法基本步骤如下。

（1）初始化参数：种群规模、迭代次数、学习因子以及粒子的位置和速度。其中，粒子的位置和速度初始化为随机值。

（2）根据场景图像情感类别预测的输入输出构建BP神经网络的拓扑结构，并随机生成一个种群粒子：$X_i=(x_{i1},x_{i2},\cdots,x_{iD})^{\mathrm{T}}(i=1,2,\cdots,n)$，表示BP神经网络的初始值，其中，$D=RD_1+D_1D_2+D_1+D_2$，$R$、$D_1$、$D_2$分别为BP神经网络的输入层、隐含层和输出层节点数。

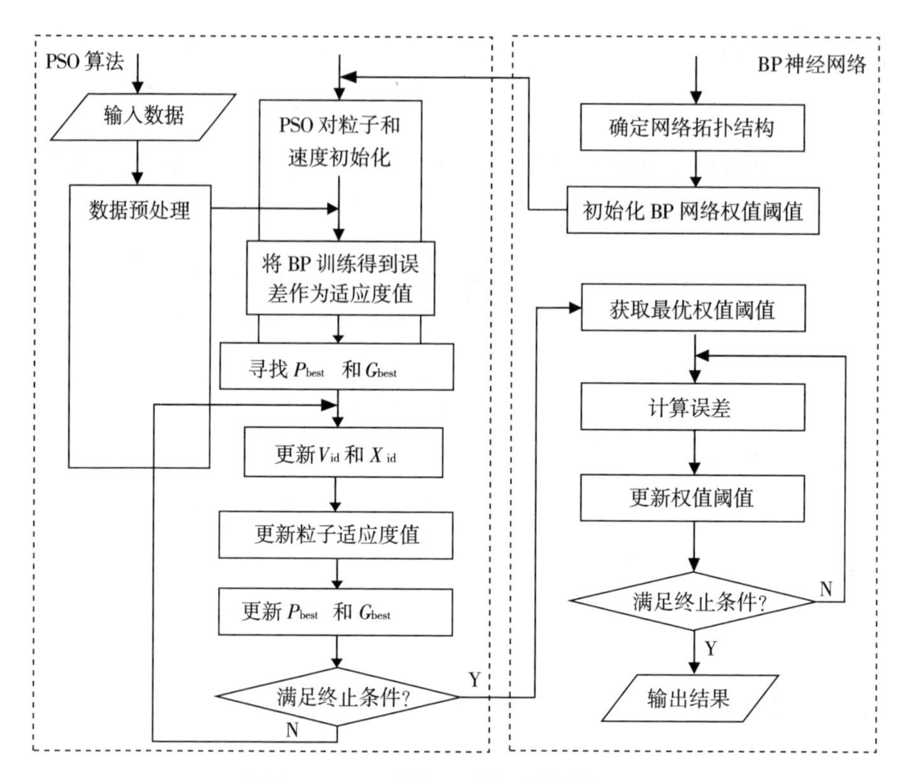

图5-4　PSO优化BP神经网络算法流程

Fig. 5-4　The Algorithm Flow of Optimizing BP neural network Using PSO

（3）确定粒子的适应度函数。给定一个BP神经网络的进化参数，用（2）中得到的粒子X_i为BP神经网络的权值和阈值赋初值，输入训练样本对BP神经网络训练，达到设定的精度时得到一个网络训练的输出值$\hat{y}_j$，则在种群X中任一个体X_i的适应度就被定义为式（5-9）：

$$\text{fit}_i = \sum_{j=1}^{M-1}(\hat{y}_j - y_j)^2 \quad (i = 1,2,\cdots,n) \tag{5-9}$$

式中，$\hat{y}_j$是训练输出值；y_j是训练期望输出值；M是重构相空间中的相点数；n是种群规模。

（4）根据式（5-9）和样本的输入输出计算每个粒子X_i当前的适应度值，确定个体极值和群体极值，并将每个粒子X_i的最好位置作为历史最佳位置。

（5）在迭代过程中，根据式（5-7）和式（5-8）更新粒子的速度和位置，并计算新粒子的适应度值，然后根据新粒子的适应度值更新个体极值和群体极值。

（6）满足最大迭代次数后，使用得到的最优粒子对BP神经网络的权值和阈值进行赋值，训练BP神经网络，输出最优解。

5.3 Adaboost-PSO-BP神经网络预测算法

5.3.1 Adaboost算法

Adaboost算法是Freund和Schapire根据在线分配算法提出来的一种迭代算法，其核心是针对同一个训练集训练不同的分类器/预测器（弱分类器/预测器），然后将这些弱分类器/预测器的结果集中起来，从而构成一个强分类器/预测器。该算法通过改变数据分布，根据每次训练集中每个样本的分类/预测结果的正确性以及上一次的总体分类、预测准确率来确定样本的权值，然后再将修改过权值的数据集传送给下一层的分类器/预测器进行训练，最后将每次训练的各弱分类器/预测器结果融合起来，作为最后的决策分类/预测器。Adaboost算法由于不需要事先知道弱学习算法的学习误差，而且得到的强分类器/预测器的结果精度依赖于所有弱分类器/预测器的精度，因而可以深入的挖掘弱分类器/预测器的能力，从而得到了广泛的应用。

5.3.2 Adaboost-PSO-BP神经网络算法

利用Adaboost算法的优势，本书提出来的Adaboost-BP神经网络模型是将15个BP神经网络作为弱预测学习器，在PSO算法优化其权值和阈值后，对其反复训练，接着使用Adaboost算法融合15个BP神经网络的预测结果构成强预测学习器。算法流程如图5-5所示。

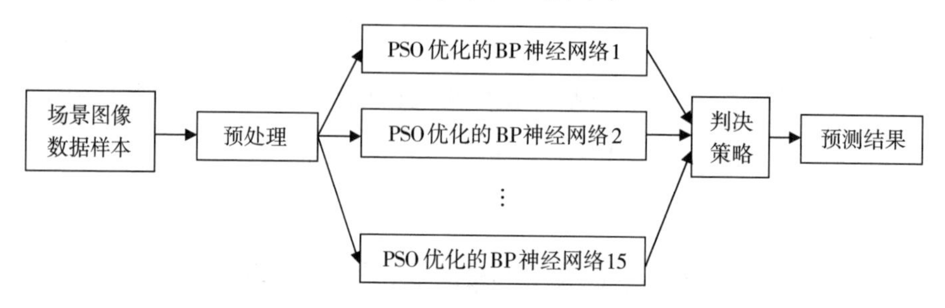

图5-5　Adaboost-BP神经网络算法流程框图

Fig. 5-5　The Algorithm Diagram of Adaboost-BP neural network

应用Adaboost-BP神经网络算法模型，将提取的场景图像的低层颜色视觉特征向量作为输入，反复训练学习，建立低层颜色特征到高层情感语义的复杂映射关系，构造强预测学习器，将未知的场景图像预测为OCC情感模型中的情感语义类别。算法的具体步骤如下。

（1）训练样本的选择。从样本空间中随机选择m组数据作为训练数据，并将测试数据的分布权值$D_t(i)$初始化为$1/m$。

（2）BP神经网络的初始化。根据样本的输入输出维数确定BP神经网络的拓扑结构，并初始化其权值和阈值。

（3）PSO算法优化BP神经网络。使用PSO算法优化BP神经网络的权值和阈值，得到各BP神经网络的最优权值和阈值。

（4）弱预测器学习。训练每个弱预测器，得到每个BP神经网络的预测输出，进而得到预测序列$g(t)$的预测误差和e_t[式(5-10)]。

$$e_t = \sum_i D_i(i) \quad (i = 1, 2, \cdots, m;\ g(t) \neq y) \tag{5-10}$$

式中，$g(t)$为预测结果；y为期望结果。

（5）计算预测序列的权重。根据（4）得到的预测误差和e_t，计算序列的权重a_t[式(5-11)]。

$$a_t = \frac{1}{2}\ln\left(\frac{1-e_t}{e_t}\right) \tag{5-11}$$

（6）调整测试数据权重。根据（5）得到的预测序列权重a_t，调整下一轮训练样本的权重[式(5-12)]。

$$D_{t+1}(i)=\frac{D_t(i)}{B_t}\times\exp(-a_t y_i g_t(x_i)) \quad (i=1,2,\cdots,m) \tag{5-12}$$

式中，B_t是归一化因子，作用是在权重比例不变的情况下，使分布权值的和为1。

（7）构造强预函数。在训练T轮之后得到T组弱预测函数$f(g_t,a_t)$，将其组合得到强预测函数$h(x)$[式(5-13)]。

$$h(x)=\operatorname{sign}\left(\sum_{t=1}^{T}a_t\cdot f(g_t,a_t)\right) \tag{5-13}$$

5.4　场景图像情感语义类别预测

本书使用15个BP神经网络作为弱预测学习器，构建场景图像的训练学习模型。采用提取的72维颜色视觉特征作为BP神经网络的输入，输出是改进的融合情绪、性格因素的OCC情感模型的10个情感量化值。因此，构造了一个72-19-10的网络结构，隐含层节点个数是由实验调节获得的。由单个BP神经网络训练测试学习的结构如图5-6所示。

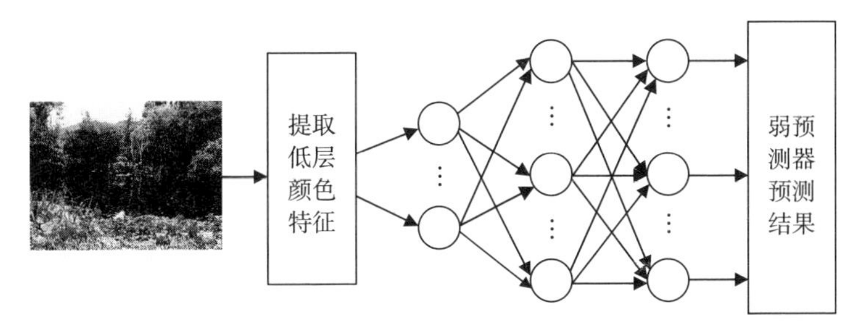

图5-6　单个BP神经网络的训练测试结构

Fig. 5-6　The Training and Test Structure of Single BP neural network

网络模型建立后，选取一定数量的训练样本训练，通过调节隐含节点数量和用PSO算法优化各BP神经网络的权值和阈值，使得网络具有较强的预测能力。

基于Adaboost-BP神经网络的场景图像情感语义类别预测框架如图5-7所示。

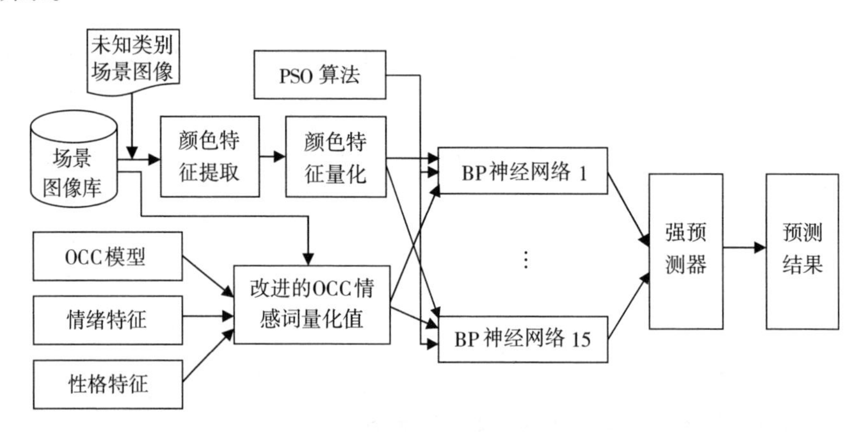

图5-7　场景图像情感语义类别预测框架

Fig. 5-7　The Prediction Framework of Emotion Semantic Category on Scene Images

5.5　实验结果与讨论

本节从多个角度对提出的方法进行实验验证和对比。

图5-8是PSO算法优化BP神经网络权值和阈值的优化过程，结合文献[124]中提出的方法，与遗传算法优化做了比较，遗传算法也是一种常用的并行随机搜索最优化方法。从图中可以清晰地看到，相同的进化代数，PSO算法的适应度值要远远低于遗传算法的适应度值，这说明，PSO算法优化BP神经网络的性能要远远优于遗传算法优化的性能。因此，本书选择了PSO算法对弱预测器BP神经网络的权值和阈值进行优化。

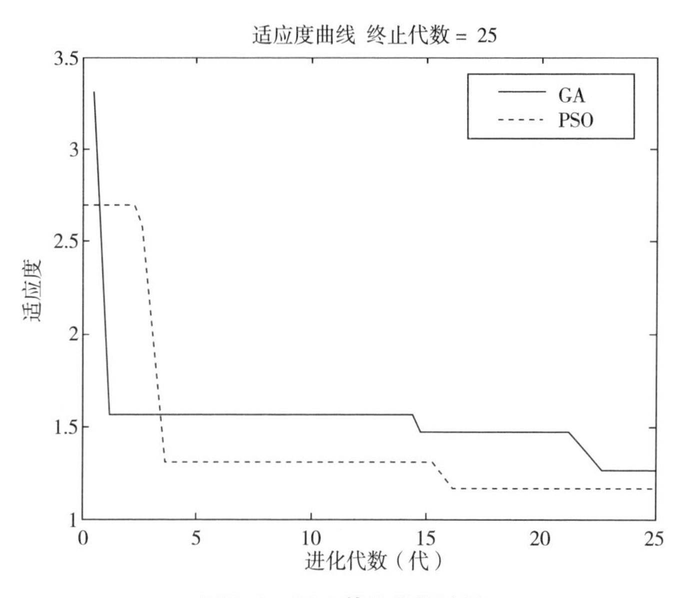

图5-8　PSO算法优化过程

Fig. 5-8　Optimization Process of PSO Algorithm

图5-9（a）和（b）分别是“外向型”性格的用户预测到蕴含有“快乐，希望”和“恐惧，害怕”情感语义的部分场景图像。

预测的结果基本符合人们对场景图像的情感语义理解，效果是比较理想的。

作者还对构建的强预测器的预测效果和单一弱预测器的预测效果做了对比分析。

(a)快乐、希望

(b)恐惧、害怕

图5-9　外向型性格的部分预测结果

Fig. 5-9　Partial Prediction Results of Extraversion Users (a. Happy, Hopeful; b. Fearful)

图5-10即为两者的预测误差绝对值比较。

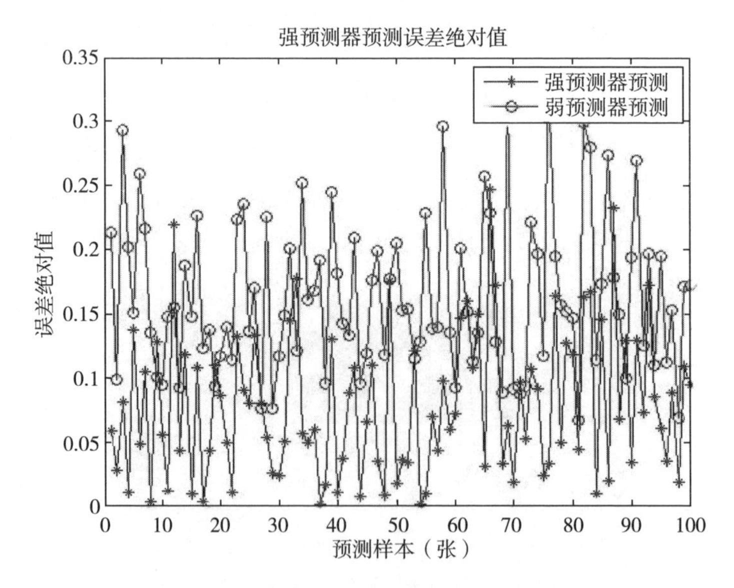

图5-10　预测效果误差对比

Fig. 5-10　Comparsion of Prediction Error

可明显看出，强预测器的预测误差要远远低于弱预测器的预测误差，本书构建的强预测器对于场景图像的情感语义类别预测是有效的。

另外，随机抽取了包含各类情感语义的500张场景图像，通过计算查准率、召回率和 $F1$ 值，与传统的BP神经网络、未优化BP神经网络的Adaboost-BP神经网络算法做了对比实验，结果如表5-3所示。

表5-3　三种方法性能比较

Table 5-3　Performance Comparison of the Three Kind of Method

情感类型	BP方法			Adaboost-BP（未优化BP）			本书的方法		
	召回率	查准率	$F1$ 值	召回率	查准率	$F1$ 值	召回率	查准率	$F1$ 值
悲伤	86.4%	82.6%	0.84	88.9%	85.1%	0.87	93.5%	91.1%	0.92
恐惧	82.6%	79.1%	0.81	86.4%	82.6%	0.84	90.8%	87.5%	0.89
讨厌	73.1%	69.8%	0.71	79.8%	75.9%	0.78	87.2%	85.0%	0.86
放松	88.5%	84.1%	0.86	90.2%	87.4%	0.89	93.2%	90.6%	0.92
生气	84.9%	80.9%	0.83	89.5%	85.6%	0.88	93.1%	90.6%	0.92
失望	71.6%	67.8%	0.70	77.8%	74.1%	0.76	86.2%	83.9%	0.85
害怕	85.7%	82.3%	0.84	90.1%	88.2%	0.89	93.6%	91.6%	0.93
快乐	89.1%	87.6%	0.88	92.2%	88.0%	0.90	95.8%	93.2%	0.94
骄傲	78.3%	74.5%	0.76	84.3%	80.5%	0.82	87.1%	84.8%	0.86
希望	85.7%	82.8%	0.84	89.6%	86.3%	0.88	93.8%	91.3%	0.93

图5-11是三种方法随着测试集规模的不断扩大，预测的平均准确率对比。

经对比实验，本书的方法预测场景图像的情感语义类别不仅召回率和查准率较高，而且随着测试集规模的不断增大，本书提出的方法的平均查准率下降并不明显；另外，通过比较可以看出，本书的方法 $F1$ 值较高，这充分说明预测结果在召回率和查准率这两个相互矛盾的指标之间达到了很好的平衡，预测取得了很好的效果。

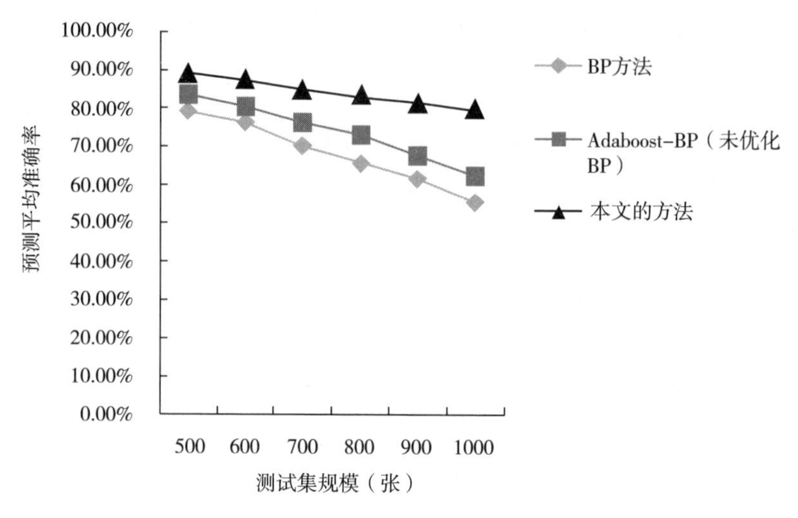

图5-11　三种方法的预测平均准确率对比

Fig. 5-11　Comparsion of Prediction Average Accuracy

5.6　本章小结

本章主要围绕着场景图像的情感语义类别预测展开研究，首先改进了原来的OCC情感模型，在情感建模时融合了人们的情绪、性格特征；接着利用粒子群（PSO）算法优化BP神经网络的连接权值和阈值，然后由15个优化后的BP神经网络作为弱预测学习器，利用Adaboost算法组合弱预测器的结果，构造强预测器，对场景图像的情感语义类别进行预测；最后从PSO算法优化BP神经网络的性能、场景图像的预测结果、强、弱预测器的预测误差以及传统的BP神经网络、未经优化BP的Adaboost-BP算法与本书提出的方法等几方面做了实验研究，验证了方法的有效性和实用性。

第6章　基于MapReduce的大规模场景图像检索技术

多媒体技术和网络技术的飞速发展，已导致图像数据的迅猛增长，如何快速、准确地从海量的图像库中检索出满足用户需求的图像，已成为目前人们关注的研究热点，也面临着巨大的挑战，分布式的并行计算策略应运而生。本章首先介绍了Hadoop平台的相关技术；然后提出了基于并行编程模型MapReduce的大规模场景图像的检索设计方案，设计了Mahout环境下Mean Shift聚类算法进行场景图像的特征聚类；最后搭建实验平台，对大规模场景图像从存储及检索性能等方面做了测试分析，验证了设计的方案的时效性。

6.1　Hadoop平台相关技术介绍

6.1.1　Hadoop的起源和背景

Hadoop[125, 126]是一个能够对大规模数据进行分布式处理的软件框架，起源于2002年的Apache Nutch，是Apache Lucene的一个子项目，2006年发展为一套完整而独立的软件，2008年得到广泛应用，通过模仿谷歌的核心技术，成为分布式系统的基础架构。

Hadoop实现了MapReduce的并行编程模式，主要在由大量廉价硬件设备组成的计算机集群中处理大规模数据并进行分布式计算，其目的是构建一个可靠性高并具有良好扩展性的高效的分布式操作系统。Hadoop的可靠性主要表现在：如果计算元素或存储数据失败，它会启动和维护多个工作数据副本，以保证失败节点可以重新对数据做分布式处理；Hadoop的可扩展性表现在：它面对PB级别的大数据能够进行特殊的设计；Hadoop的高效性表现在：它采用并行工作方式加快数据处理速度。

Hadoop包含许多项目，名称和说明见表6-1[127]。

表6-1　Hadoop项目[127]

Table 6-1　The Projects of Hadoop[127]

项目名称	说 明
HDFS	分布式文件系统，是GFS（Google File System）的开源实现
MapReduce	分布式并行编程模型和程序执行框架
Common	是Hadoop项目的核心，包含一组分布式文件系统和通用I/O组件与接口
Avro	一种支持高效、跨语言的RPC以及永久存储数据的序列化实现
Pig	一种数据流语言和运行环境，用语检索大规模数据集，运行在MapReduce和HDFS集群上
Hive	一个分布式、按列存储的数据仓库，管理HDFS中存储的数据，并提供基于SQL的查询语言用以查询数据
Hbase	一个分布式、按列存储的数据库，使用HDFS作为底层存储，并支持MapReduce的批量式计算和点查询
Mahout	一个运行在Hadoop平台上的机器学习类库
ZooKeeper	一个分布式、可用性高的协调服务，提供分布式锁之类的基本服务，用以构建分布式应用
Cassandra	是一套开源分布式NoSQL系统，用于存放收件箱等简单格式数据，集Google BigTable的数据模型和Amazon Dynamo的完全分布式架构于一身

其中，Hadoop Common、HDFS和MapReduce是Hadoop的核心子项目。Common子项目为Hadoop的整体架构提供了基础支撑性功能，主要包括文件系统（File System）、远程过程调用协议（RPC）以及数据串行化库（Serialization Libraries）。HDFS（Hadoop Distributed File System）是一个分

布式文件系统，具有成本低、可靠性和吞吐量高的特点。MapReduce是一个并行编程模型和软件框架，主要是在大规模集群上编写处理大数据的并行化程序。在实际的应用中，Common子项目一般是隐藏在幕后为整个架构提供基础支撑，而HDFS和MapReduce二者相互配合共同完成用户对大数据的处理请求。

6.1.2　HDFS体系结构

HDFS是Hadoop的核心子项目之一，它采用主从（Master/Slave）模式体系结构，将大规模的数据存储于多台相关联的计算机上，既增加了存储容量，还实现了自动容错，能自动检测和快速恢复硬件故障，在超大规模数据集上进行流式数据访问。其体系结构如图6-1所示。

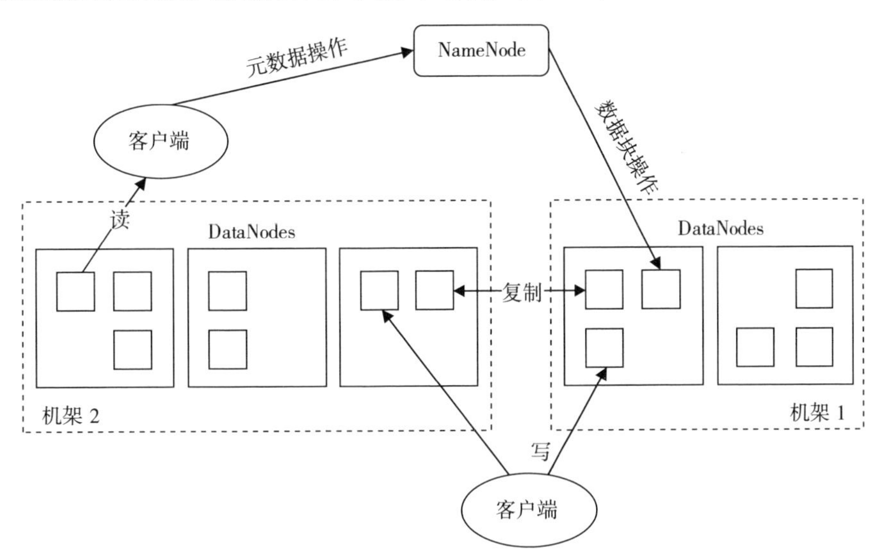

图6-1　HDFS结构示意图

Fig. 6-1　Structure Diagram of HDFS

HDFS结构包含两类节点：一个主控节点（NameNode）和多个数据节点（DataNode）。

NameNode负责管理文件系统的元数据，而DataNode负责存储实际的数据。客户端通过与NameNode和DataNodes的交互实现对文件系统的访问，客户端与NameNode联系以获取文件的元数据，与DataNodes交互实现I/O操作。

NameNode是HDFS结构中的管理者，负责管理文件系统的全部命名空间，维护文件系统中的文件树以及文件和目录的元数据。所有这些信息都存储在NameNode维护的两个本地磁盘文件组中：命名空间镜像文件与编辑日志文件。另外，NameNode还保存着每个文件与其数据块所在的DataNode的对应关系，被用作其他功能组件查找所需的文件资源的数据服务器。

DataNode是HDFS结构中存储数据的节点。与操作系统中文件存储管理类似，HDFS中的文件也是以数据块的形式存放的，通常被冗余备份存储在多个DataNode中。DataNode每隔一定时间向NameNode报告它存储的数据块列表，以便用户通过直接访问DataNode获得数据。

另外，为解决NameNode出现故障而导致整个系统停止运行的问题，HDFS还设计了一个Secondary NameNode节点。它通常运行在一台单独的物理计算机上，并与NameNode通信，按一定的周期保持文件系统元数据的快照。一旦NameNode发生故障，系统管理员通过手工配置形式将快照恢复到重启的NameNode中，以降低丢失数据的风险。

6.1.3 MapReduce编程模型

MapReduce框架也是Hadoop的核心技术之一，它是一种大数据的处理面向底层分布式计算环境的并行处理计算模式，为开发者提供了一套完整的编程接口和执行环境。MapReduce采用标准的函数式编程计算模式，其核心是可以将函数作为参数进行传递（将这样的函数称为高次函数），通过将多个高次函数串接，将数据计算过程转换为函数的执行过程。

MapReduce将数据计算过程分为Map和Reduce两个阶段，对应两个函数：mapper和reducer。在Map阶段，原始数据经分段被输入给mapper，经过滤和转换，产生的中间结果作为Reduce阶段reducer的输入，经聚合处理得到最终结果。其处理过程如图6-2所示。

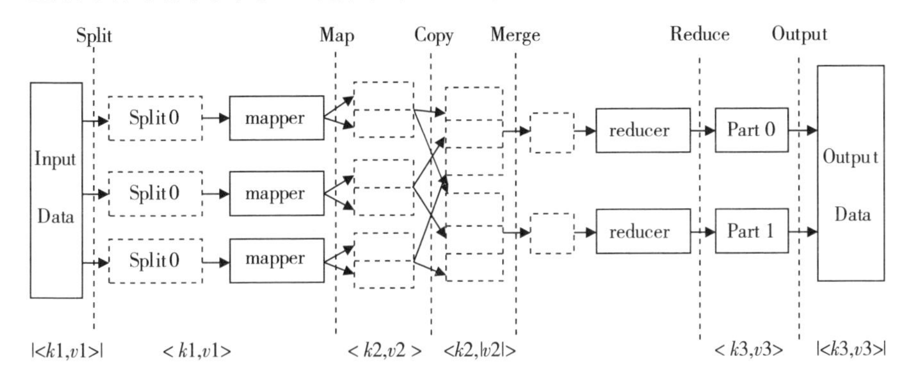

图6-2　MapReduce处理过程

Fig. 6-2　Processing Procedure of MapReduce

从图中可以看出，MapReduce计算模型的核心是mapper和reducer函数，这两个函数的具体功能是由用户根据实际需求设计的。

在Map阶段，MapReduce将用户的输入数据分割正固定大小的片段（Split），然后将每一个Split再分解成一批键值对< $k1,v1$ >；Hadoop为每个Split建立一个Map任务，将每个Split对应的键值< $k1,v1$ >作为输入，对用来执行用户自定义的mapper函数，产生中间结果< $k2,v2$ >；接下来将中间结果按照$k2$的值进行排序，把key值相同的value放在一起形成一个新的列表< $k2$, list ($v2$) >元组；最后根据key值范围对这些元组分组，对应形成不同的Reduce任务。

在Reduce阶段，Reduce将从不同的mapper函数接收过来的数据整合并排序，然后调用相应的reducer函数，以< $k2$, list ($v2$) >作为输入，并做相应处理，获得键值对< $k3,v3$ >输出到HDFS上。

一个完整的MapReduce应用开发的流程如图6-3所示。

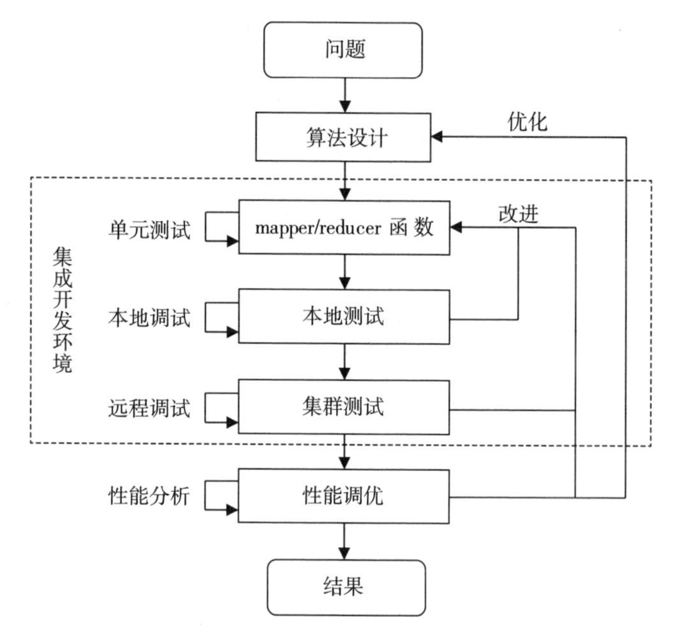

图6-3 MapReduce的应用开发流程

Fig. 6-3 Application Development Process of MapReduce

这个开发流程涵盖了MapReduce应用开发的各个阶段，但并不是每一个开发步骤都是必须的，用户可以根据项目需要进行调整设计。

6.1.4 Mahout算法库

Mahout起源于2008年，是Apache基金会的开源项目之一。该项目旨在创建一个可扩充的云平台算法库，目前已经实现了多种比较经典的数据挖掘算法，主要包括聚类算法、分类算法、协同过滤算法和频繁项集挖掘算法等。

6.1.4.1 聚类算法

聚类算法的目的是要将一组无标签的数据加上标签。Mahout算法库中设计的聚类算法主要有：Canopy、K-Means、Fuzzy K-Means、Spectral、

Mean Shift、Minhash、Top Down等。

（1）Canopy算法：是一种简单而快速的聚类算法，通常用于其他聚类算法的初始化步骤中。

（2）K-Means算法：是一种被广泛应用于各种聚类问题中的聚类算法。在Mahout中，该算法每循环一次就会建立一个新的任务，因此外部消耗较大。

（3）Fuzzy K-Means算法：是K-Means算法的扩展，是目前比较流行的聚类算法。应用K-Means算法聚类时，一个数据点只有一个聚类中心，因此K-Means算法通常用于发现严格的聚类中心；而Fuzzy K-Means算法通常用于识别分散的聚类中心，即一个数据点可能有几个聚类中心。

（4）Spectral算法：主要针对图像数据，是一种有效的处理图像谱分类的算法。

（5）Mean Shift算法：一般用于图像平滑、分割和跟踪方面，其优点是不需要事先知道聚类的类别数，而且形成的聚类形状是任意的并且与聚类数据相关的。

（6）Minhash算法：是将原始数据内容较均匀的随机映射为一个签名值，相当于一个伪随机数产生算法。

（7）Top Down算法：是一种分层聚类算法，聚类时首先寻找较大的聚类中心，然后再对这些中心做细粒度的分类。

6.1.4.2 分类算法

分类是基于训练样本数据区别于其他样本数据标签的过程，即解决其他的样本数据应如何贴标签的问题。Mahout算法库中的分类算法主要有：Bayesian、Logistic Regression、Support Vector Machine、Hidden Markov Models和Random Forests等。

（1）Bayesian算法：是一种基于概率的分类算法，在Mahout中，目前实现了两种Bayesian分类器：朴素贝叶斯分类器和互补性朴素贝叶斯分类器。

（2）Logistic Regression算法：是一种采用预测变量来预测事件发生概率的模型。在Mahout中，Logistic Regression算法是使用随机梯度下降思想实现的一种分类算法。

（3）Support Vector Machine（支持向量机，SVM）算法：是一种应用最为广泛的分类算法，特点是能够同时最小化经验误差和最大化几何边缘区域，也称作最大化边缘区分类器。

（4）Hidden Markov Models（隐马尔科夫模型）算法：是一种主要用在语音识别、手写识别、自然语言处理等机器学习方面的分类算法。

（5）Random Forests（随机森林）算法：是一个包含多个决策树的分类算法，其输出的类别由个别决策树输出的类别众数而定。

6.1.4.3 协同过滤算法

协同过滤算法也被称为推荐算法，Mahout算法库中主要包括Distributed Item-Based Collaborative Filtering和Collaborative Filtering Using a Parallel Matrix Factorization两个协同过滤算法。前者是一种基于项目的协同过滤算法，利用项目之间的相似度为用户做项目推荐。后者将用户和项目想象成一个二维表格，表格中有数据的单元格(i,j)是用户i对第j个项目的评分，然后算法利用这些评分预测空的单元格，预测得到的数据即为用户对项目的评分，最后将评分从高到低排序，即可进行推荐。

6.1.4.4 频繁项集挖掘算法

Mahout算法库中的频繁项集挖掘算法主要是FP树关联规则算法。Mahout实现的是并行FP树关联规则算法，思想是按一定的规则将数据集分开，然后在分开的数据集上建立FP树，并进行挖掘，以获得频繁项集。

6.2　基于MapReduce的大规模场景图像检索方案

传统的图像检索系统大多都是基于B/S模式的单节点架构，在同时访问用户数量较少时，基本能满足用户对访问时间的需求。但随着图像数量的迅速增长，图像的特征库会变得很大，而且同时在线访问用户数量也在增加，这导致图像检索系统的效率会下降。另外，图像特征的相似度计算是一个耗时耗力的复杂运算，在单节点架构的系统中既消耗大量的计算资源，运算速度又比较慢。这些都会使得用户在线并行检索时效率迅速下降，甚至导致系统无法承受，在很长时间内无法对用户做出响应。

分布式处理作为大数据处理的一种解决方案，其思想就是实现多节点架构，让网络上多台计算机互联协同完成一些大规模的计算和存储问题。这样既解决了单节点架构的性能瓶颈问题，又能提高访问速度和系统资源利用率。

6.2.1　场景图像检索整体框架

传统的图像检索方式因受到存储能力和计算能力的约束，检索过程较复杂而且周期较长。为此，本书采用Hadoop大数据处理的思想，提出了一种基于MapReduce的大规模场景图像检索的方案。其整体架构如图6-4所示。

整体架构分为三层。

（1）表现层：用户通过互联网获取服务，输入检索要求和接收检索结果。

（2）逻辑业务层：Web服务器根据用户的检索请求执行相应的业务处理。

（3）数据处理层：是整个系统架构的核心，主要包括大规模场景图像的存储和管理，负责场景图像的特征提取、匹配以及输出结果等。

详细的检索框架如图6-5所示。

系统主要包括五个模块。

（1）用户交互模块：提供给用户输入检索要求或示例图像、反馈检索结果等。

（2）场景图像存储模块：用HDFS对大规模的场景图像进行存储。

（3）场景图像特征提取模块：对大规模场景图像并行提取颜色视觉特征和语义映射。

（4）特征聚类模块：利用改进的K-Means算法对场景图像特征进行并行聚类并量化。

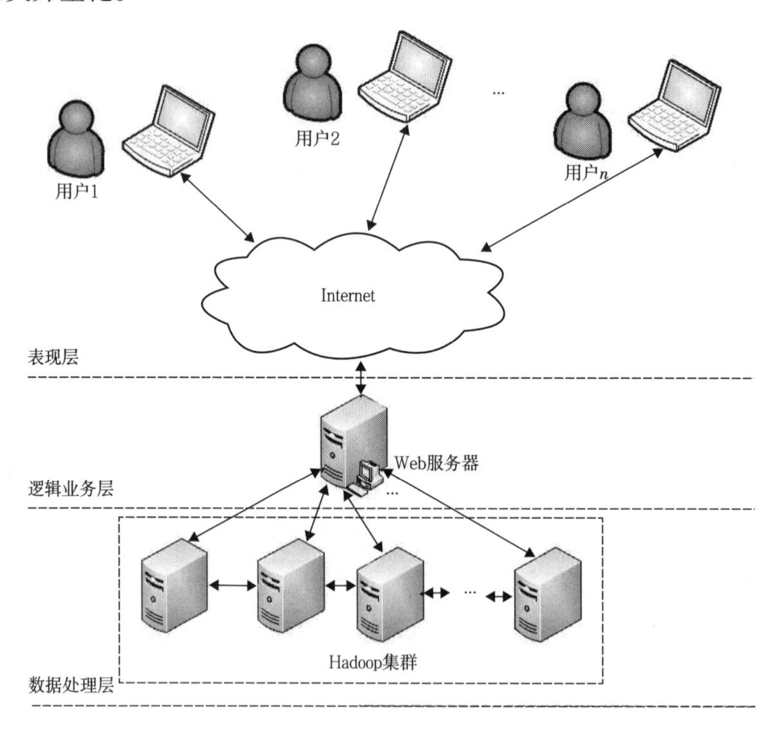

图6-4　大规模场景图像检索架构

Fig. 6-4　Retrieval Framework for Large Scale Scene Images

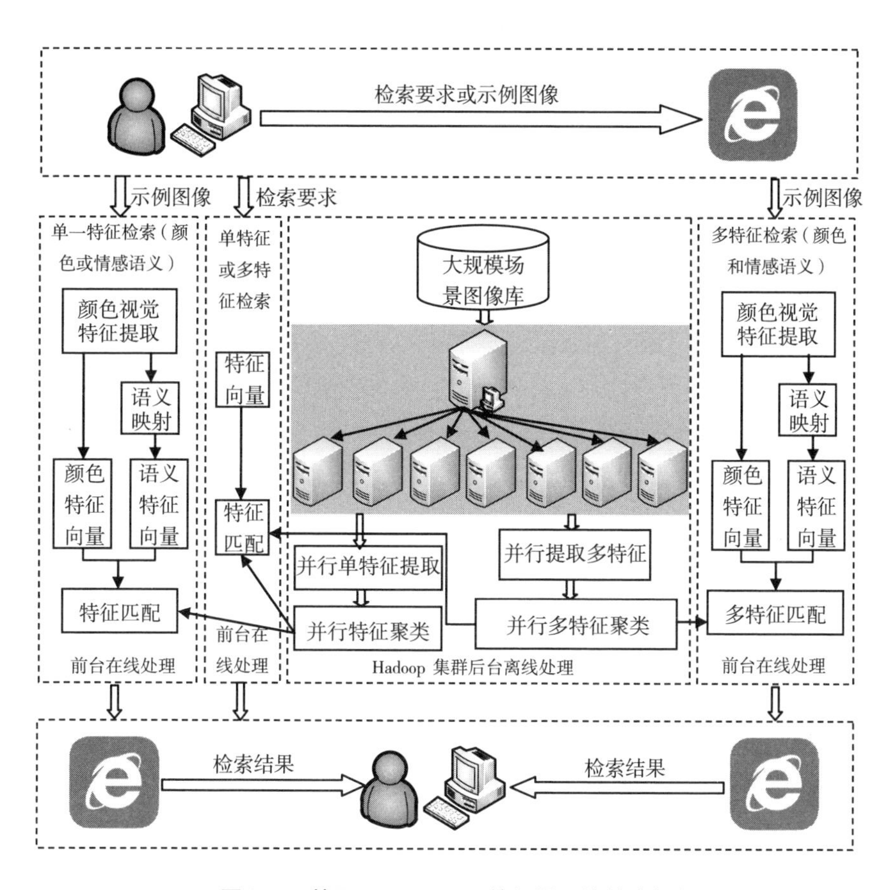

图6-5　基于MapReduce的场景图像检索框架

Fig. 6-5　Retrieval Frame for Scene Images Based on MapReduce

（5）场景图像检索模块：计算要求检索的场景图像与场景图像库中的场景图像的相似度，输出检索结果。

具体的Hadoop集群基于MapReduce的并行处理过程如图6-6所示。

使用单一特征进行检索，往往过于片面，检索结果不能令用户满意。因此，本书设计了三种检索方式：①颜色视觉特征检索；②情感语义特征检索；③颜色视觉特征和情感语义特征混合检索。

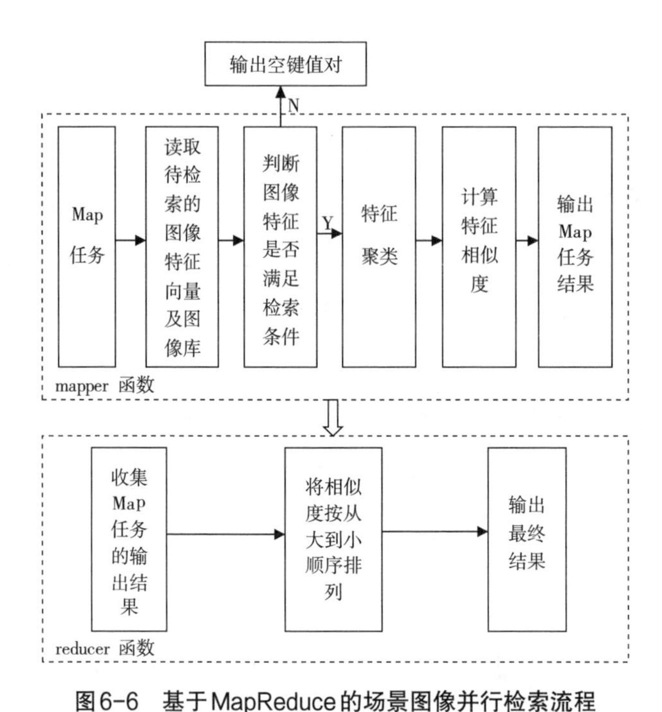

图6-6 基于MapReduce的场景图像并行检索流程

Fig. 6-6 Parallel Retrieval Flow for Scene Images Based on MapReduce

6.2.2 大规模场景图像及其特征的存储

当图像数据规模较大时，如果全部将其存储在HDFS中，那么读取图像的时间开销会很大，HBase是在HDFS之上的面向列的分布式数据库，可以实时进行读写，因此本书将场景图像的存储路径和特征都HBase分布式数据库中。其结构见表6-2。

表6-2 场景图像的存储表设计

Table 6-2 Table Design of Storage for Scene Images

图像ID	图像	图像特征	
	图像源文件	颜色特征	情感语义特征
……	……	……	……
⋮	⋮	⋮	⋮
……	……	……	……

将图像ID作为HBase表的主键，取图像和图像特征作为HBase表的两个列族。由于HBase对表中的每一行实行的是原子操作，因此将一张场景图像的所有信息全部放在一行存放，以便于读写操作。

由于图像特征提取属于计算密集型任务，因此本书对于大规模场景图像库的特征提取采用了基于MapReduce的并行处理模式，待特征提取完毕后，将对应的场景图像的ID、图像源文件存储路径以及图像的颜色特征和情感语义特征存入HBase表中。创建一个MapReduce任务对场景图像库的特征进行并行提取，在MapReduce任务开始在前，先将场景图像上传至HDFS，同时为每张场景图像生成唯一的ID。具体流程如图6-7所示。

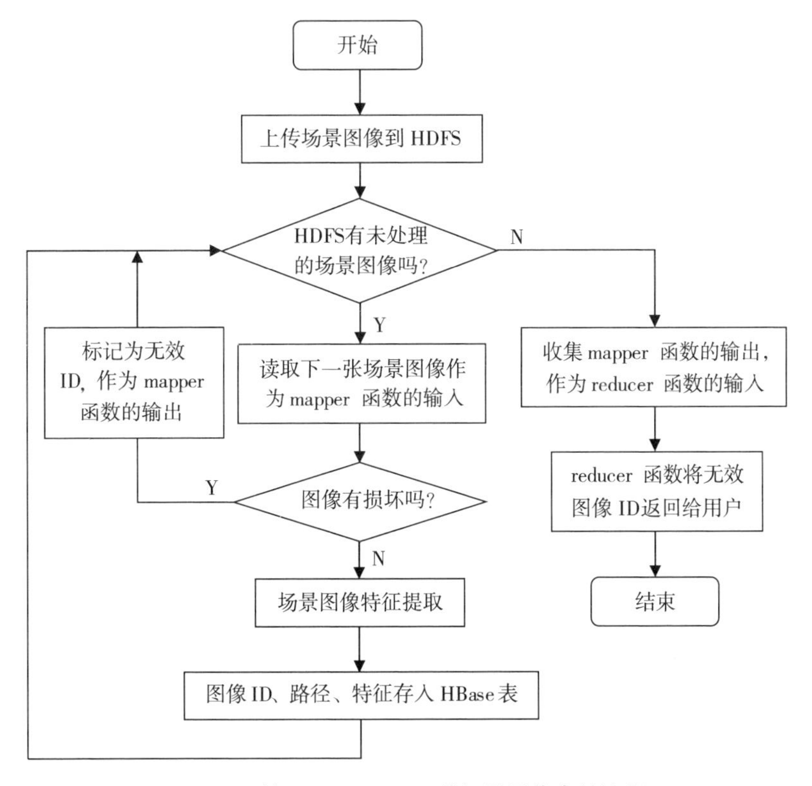

图6-7　基于MapReduce的场景图像存储流程

Fig. 6-7　Storage Flow for Scene Images Based on MapReduce

整个流程分为Map和Reduce两个阶段。

（1）Map阶段：mapper函数提取每张场景图像的颜色视觉特征，并通过语义映射，获得场景图像的情感语义特征，组合场景图像的ID、源文件存储路径以及特征，将其存入HBase表；如果图像有损坏，则将该场景图像ID标记为无效ID，并作为Map任务的输出。

（2）Reduce阶段：reducer函数收集mapper函数的输出，并将无效ID输出到HDFS中，然后通知用户这些场景图像无效。

6.2.3 场景图像的特征提取

在本书的图像提取过程中，对于颜色视觉特征的提取，依然采用4.2.3节提出的基于权重的不规则分块场景图像低层颜色特征提取方法；对于情感语义特征的提取，本书的情感模型采用5.1.3节提出的融合情绪、性格特征的改进的OCC情感模型，将场景图像的情感语义特征量化，使用5.3.2节提出的PSO算法优化BP神经网络权值和阈值的Adaboost-BP神经网络算法进行语义特征映射，将场景图像的低层颜色视觉特征映射为高层情感语义特征，从而在Hadoop集群上并行处理，获得每张场景图像的低层颜色特征和高层情感语义特征。

6.2.4 基于分布式Mean Shift的场景图像特征聚类算法

Mean Shift算法，也称为均值偏移或均值漂移算法，是一种无参估计迭代过程，通过计算当前点的偏移均值，使得数据点沿着概率梯度上升的方向不断移动，直到满足一定的结束条件为止。该算法的特点是不需要事先知道聚类的数目（K-Means算法必须事先知道聚类的数目），而且还能根据数据的特征产生任意形状的聚类簇。由于在对场景图像检索时，无论是根据颜色视觉特征检索，或者情感语义特征检索，或者是二者结进行检索，其类别都是不是很好预先估计的，因此，本书选用了Mean Shift算法作为场景图像检索时的特征聚类算法。

在Mahout中，Mean Shift算法通过修改Canopy算法得到，算法首先得为每个场景图像数据创建一个canopy，图6-8是创建canopy的流程。

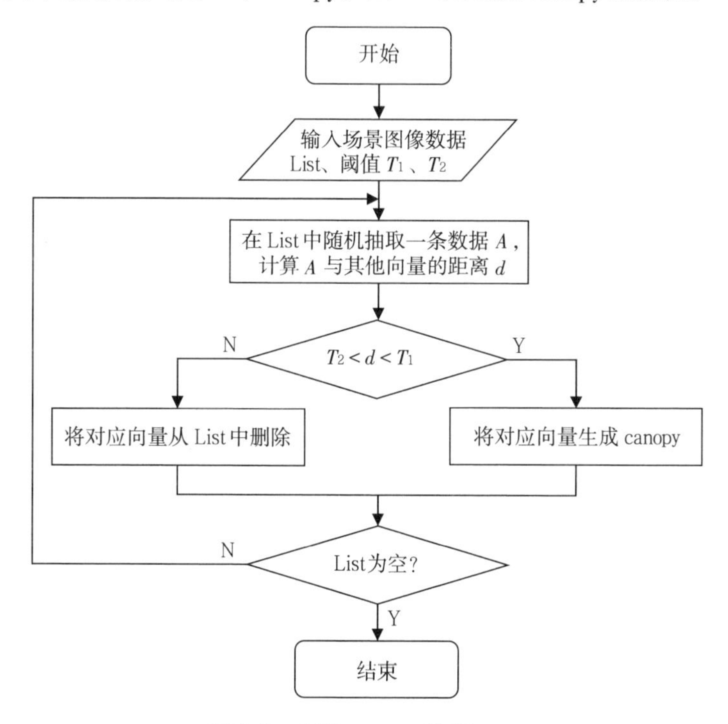

图6-8 创建canopy流程

Fig. 6-8 Flow of Creating canopy

步骤如下。

（1）将原始场景图像数据集List按一定规则排序，并设置初始距离阈值T_1和T_2（$T_1 > T_2$）。（排序规则任意，T_1、T_2可根据用户需要设定，也可使用交叉验证获得）

（2）在List中随机选取一个场景图像数据A，使用距离计算公式计算A与List中其他向量的距离d。本书采用欧几里得距离公式：

$$d(X,Y)=\left(\sum_{i=1}^{n}(x_i-y_i)^2\right)^{1/2}$$

（3）为 $T_2 < d < T_1$ 对应的向量创建canopy，将其他向量从List表中移出。

（4）重复（2）、（3），直到List表为空。

在MapReduce并行计算模式下，Map任务和Reduce任务分别如下。

（1）Map任务：随机抽取一个样本向量作为canopy的中心向量，然后遍历所有样本数据向量，并计算与该中心向量的距离d，根据d的值决定为哪些场景图像数据创建canopy，最后将所有canopy的中心向量作为Map任务的输出。

（2）Reduce任务：整合Map阶段产生的所有canopy中心向量，生成新的canopy中心向量即为最终输出结果。

Mean Shift算法使用距离阈值T_1作为每个窗口的固定半径，T_2决定两个canopy是否合并，另外还设置了一个阈值delta，决定算法是否可以结束。算法流程如图6-9所示。

步骤如下：

（1）利用Canopy算法为每个场景图像数据创建canopy。

（2）对于每个canopy，将输入与当前canopy之间的距离小于阈值T_1的设为当前canopy，计算每个canopy的均值漂移向量：将每个canopy包含的点得全部维度相加除以包含点的数目得到新的canopy中心向量，即为均值漂移向量。

（3）计算各canopy之间的距离，将小于T_2的数据归为一个canopy，并更新其属性。

（4）计算每个canopy前后两次中心向量的差值，如差值小于delta，则算法结束，剩余的canopy数目即为聚类数目；否则，重复（2）~（4）步。

在Map阶段，mapper函数根据T_1和T_2，将每个场景图像创建的canopy

归类、合并，然后使用新的中心向量更新canopy，最后将结果输出给reducer函数。

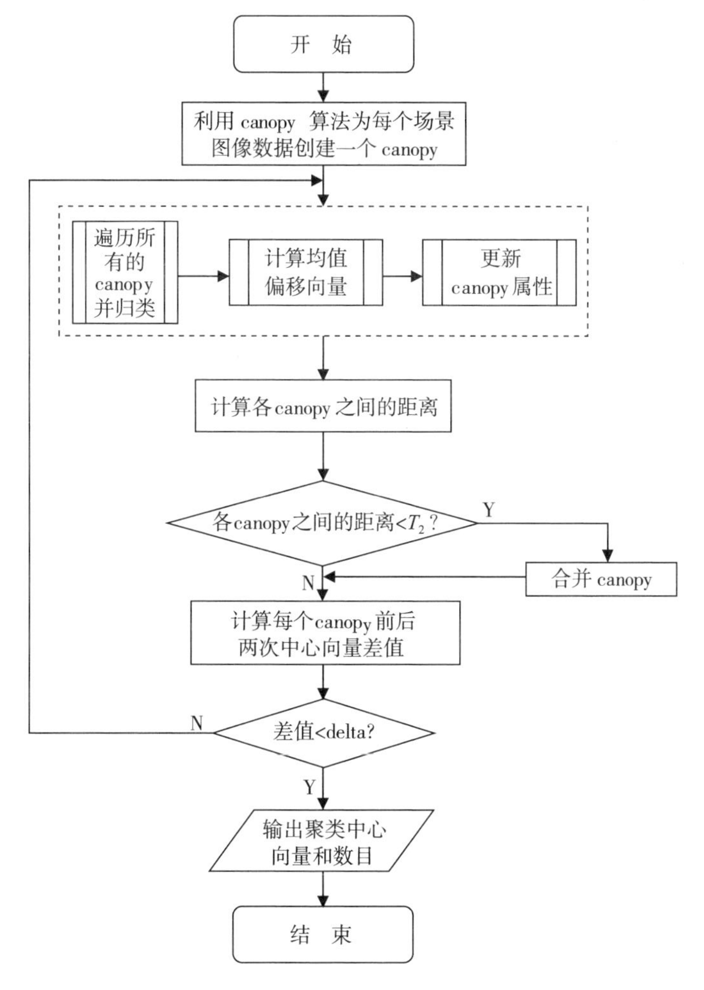

图6-9　Mean Shift算法流程

Fig. 6-9　Algorithm Flow of Mean Shift

在Reduce阶段，reducer函数整合mapper函数的输出，然后决定是否继续执行循环。

在对场景图像特征聚类后，进行特征匹配，本书依然采用本节提到的欧几里得距离公式，如果是单特征检索，计算待检索场景图像特征向量与各聚类中心向量的距离，将距离最近的类别场景图像作为检索结果输出；如果是多特征检索，首先分别按颜色视觉特征和情感语义特征聚类，然后计算待检索场景图像颜色特征向量、情感语义特征向量与各聚类中心向量的距离，接下来选择两个聚类过程中各自最近的两个类别，将其交集作为检索结果输出。

6.3 实验与结果分析

6.3.1 实验环境与测试数据

实验Hadoop集群由局域网内5台计算机搭建（1个Master节点，4个Slave节点），各节点计算机采用4G双核处理器，500G硬盘空间的基本配置，操作系统采用Ubuntu。

实验数据全部来自SUN Database场景图像数据库，该数据库目前包含了131067张场景图像，908个场景类别。由于实验条件的限制，我们从中选取了20000张有一定代表性的场景图像作为实验数据集。

6.3.2 系统性能测试与分析

6.3.2.1 场景图像存储性能测试与分析

在对场景图像的存储性能做实验测试时，根据Hadoop集群下不同节点个数情况下，存储不同的场景图像集规模所需消耗的时间进行对比实验，场景图像集规模分别设置为：500张、1000张、3000张、6000张、10000张、15000张、20000张；在1个、2个、3个和4个节点时分别做了存储耗

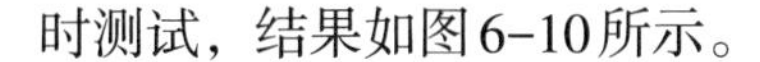
时测试，结果如图6-10所示。

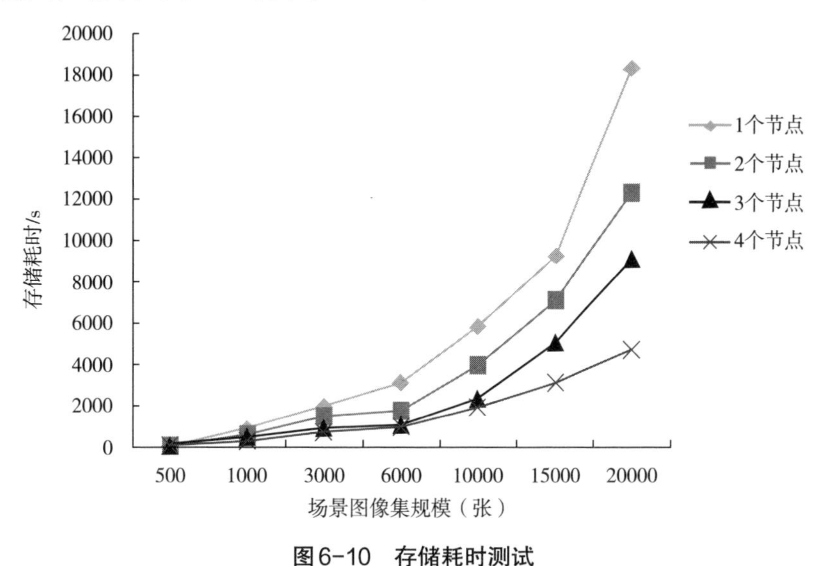

图6-10　存储耗时测试

Fig. 6-10　Storage Consuming Test

可以看到，在场景图像集规模小于1000张时，节点数量的增长对存储耗时的影响并不是很明显，当图像集规模大于1000张时，Hadoop集群分布式存储的优势逐渐明显。在相同的图像集规模下，存储耗时随着节点数量的增加而下降；随着图像集规模的增大，存储耗时也在增加，然而，单节点集群增加最快，4个节点的集群增长速度最为缓慢。也就是说，在图像集规模不大时，不适合采用多节点集群存储，而当图像集规模很大时，采用分布式并行存储的效率是非常高的。

6.3.2.2　场景图像检索性能测试与分析

图6-11是对上传的示例图像进行进行颜色视觉特征和情感语义特征混合检索的结果界面。

为了验证检索的效果，首先使用传统的查准率、召回率以及F_1值衡量检索效果。表6-3列出了场景图像集规模不同的情况下，结合人工辅助统计，系统的检索效率。

图6-11　基于MapReduce的场景图像检索结果界面

Fig. 6-11　The Interface of Reteieval Result for Scene Images Based on MapReduce

表6-3　场景图像检索平均准确率比较

Table 6-3　Average Accuracy Comparison of Scene Image Retrieval

场景图像集规模（张）	查准率	召回率	F_1值
500	91.4%	93.7%	0.93
1000	90.1%	92.5%	0.91
3000	89.6%	91.9%	0.91
5000	88.9%	91.1%	0.90
8000	88.4%	90.6%	0.89
10000	88.1%	90.2%	0.89

从表中可以看出，检索的查准率、召回率以及F_1值都较高，检索效果良好；同时，我们可以看到，随着场景图像集规模的迅速增加，虽然查准率和召回率在降低，但下降的幅度都很小，这也说明，采用并行处理方式

是适合大规模数据进行处理的，处理的数据量虽然增大了，但其性能却不会线性下降。

在对检索性能进行测试时，根据文献[129]，首先从加速比与效率、数据伸缩率两个方面来进行测试分析。

（1）加速比与效率。加速比[129]是同一任务在单个计算节点的运行时间与多个计算节点的运行时间的比值，效率是加速比与计算节点数量的比值，两者用来衡量检索方案的整体性能。图6-12是场景图像集规模分别为5000张，10000张和15000张时系统加速比和效率的实验结果。

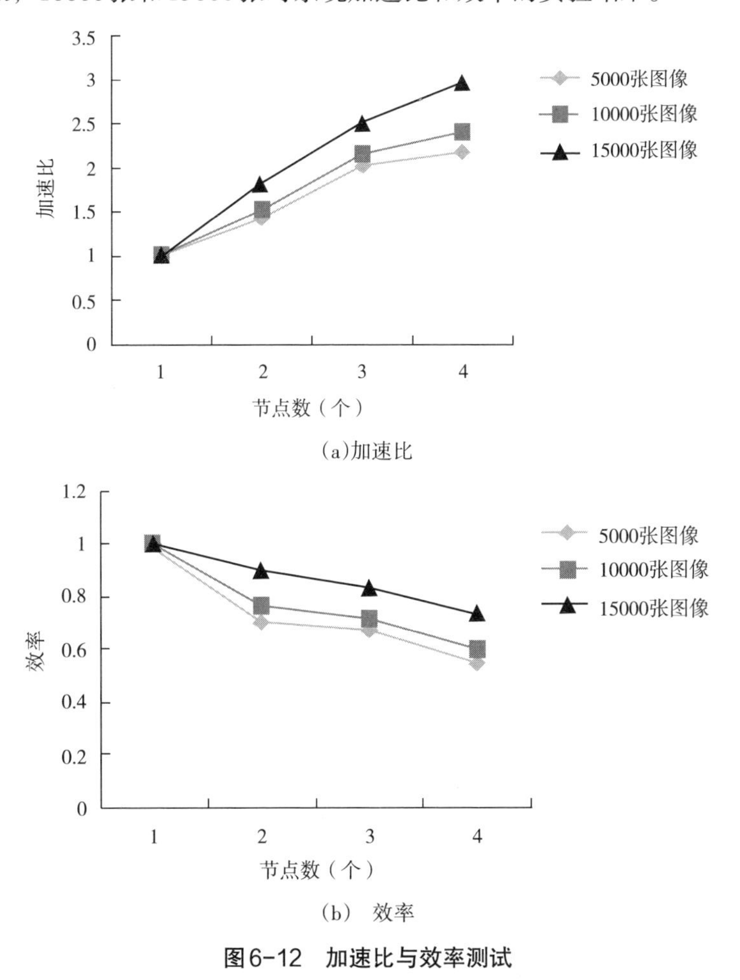

图6-12　加速比与效率测试

Fig. 6-12　Test of Speedup Ratio and Effiency

在理想状况下，系统的加速比应随着节点个数的增加而线性的增长，效率应始终保持不变。但在实际情况下，由于任务的控制会受到通信开销、负载平衡等因素的影响，加速比不会线性的增长，系统效率也不会达到1。Goller等[130]等人认为只要效率达到0.5，即可认为系统的性能很好。从图6-12（b）可以看出，通过对三组规模不同的场景图像集进行测试，其加速比随着节点个数增加而增加，效率也都在0.5以上，这充分说明系统达到了很好的性能。另外，随着场景图像集规模的增大，节点个数越多，加速比和效率性能越好，这也说明在分布式并行处理的情况下，图像数据规模越大，越能充分发挥各数据节点的计算能力。

（2）数据伸缩率。数据伸缩率[129]是处理扩大后的数据集所需的时间与处理原始数据集所需时间的比值，它是衡量设计的方案处理不同数据规模的能力。本书以节点个数为4进行试验，从1000张场景图像的数据规模开始，逐渐将规模增加到10000张，图6-13是测试结果。

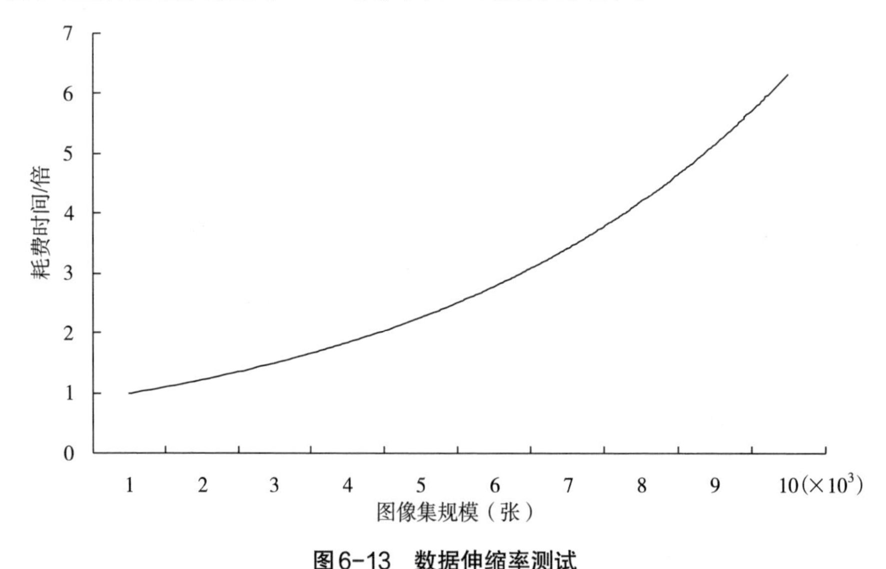

图6-13　数据伸缩率测试

Fig. 6-13　Test of Data Expansion Rate

从图中可以看出，在图像集规模小于5000张时，数据伸缩率曲线比较平缓，这说明图像数量较少时，并不能充分发挥4个数据节点的计算能力，而当图像集规模超过5000张时，数据伸缩率增长趋势较快，曲线较为陡峭，这进一步说明数据规模越大，越能发挥各数据节点的计算能力。另外，还可以看出，图像集规模从5000张到10000张时大约需要3.8倍的时间，而从5000张扩大到10000张时只用了约5.8倍的时间，这说明了设计的方案达到了较好的数据伸缩率。

从整体上看，无论是存储性能还是检索性能，本书设计的基于MapReduce的大规模场景图像检索方案都取得了很好的效果。

6.4　本章小结

本章主要研究了在大数据时代基于MapReduce的大规模场景图像的检索技术。首先介绍了Hadoop平台的相关技术，包括HDFS体系结构、MapReduce并行编程模型以及Mahout算法库；接着提出了基于MapReduce的大规模场景图像检索体系架构和设计方案，设计了场景图像的并行存储方法，提出了基于分布式Mean Shift算法的场景图像特征聚类算法、特征匹配以及检索方法；最后通过实验，对大规模场景图像的存储性能进行了测试，并从加速比与效率、数据伸缩率等方面对设计的方法进行了性能测试与分析，证明了本书提出的设计方案的良好性能。

第7章　总结与展望

数字图像作为一种形象直观、信息综合性较强的媒体形式，愈来愈多地渗透和服务于各个领域，日益明显地影响人们的工作、学习和生活。相应地，对于大规模图像数据的有效组织和管理、在高层语义层面的分析和检索成为迫切需要解决的客观问题。场景图像作为一种极为常见的图像数据，合理地分析其蕴含的高层情感语义，让计算机能够像人类一样去理解图像的内涵，使得检索结果更加符合用户的需求，同时，基于大数据技术搭建大规模场景图像的并行检索架构，提高检索效率，这都能够为海量场景图像数据的有效组织和管理奠定基础。其研究的难点在于如何能使计算机从人类认知的角度去分析场景图像蕴含的内在信息和如何解决大规模场景图像的高效并行检索。为此，本书着重讨论了场景图像高层情感语义的获取、语义理解的模糊性、情感语义类别的预测以及搭建高效并行检索体系架构等问题。

7.1　本书工作总结

本书以SUN Databse中的场景图像为研究对象，阐述了图像情感语义分析和图像检索技术的研究现状，介绍了大数据处理和图像检索的关系，重点讨论和研究了场景图像的情感语义数据的获取、自动标注、情感语义类别预测以及基于大数据技术的检索方法。

首先，对场景图像的情感语义获取做了分析研究。要想让计算机能够从人类的认知角度理解图像，就必须得到人们对各类场景图像数据的情感语义理解。随着图像数据量的日益猛增，在传统的封闭环境下的行为学实验因时间和环境的限制获得的情感语义数据量是非常有限的，为此，设计了一个开放行为学实验环境下的场景图像情感语义数据获取平台，打破了时间和地点的限制，从而获取了大量的场景图像情感语义数据，进而使用主成分分析法（PCA）对数据的有效性进行了分析，为后续研究工作奠定了基础。

在获取大量场景图像的情感语义数据的基础上，针对人们在图像理解过程中存在一定的程度深浅问题，提出了一种基于模糊理论的场景图像情感语义自动标注方法。定义了三个扩展情感值{非常，中性，几乎不}来确定人们对场景图像理解的情感程度问题，通过定义情感规则和情感规则映射方法，采用T-S模糊神经网络进行语义映射，实现了场景图像的情感语义自动标注，同时用模糊隶属度描述了人们对场景图像理解的情感程度，解决了场景图像理解的语义模糊性问题。

分类和预测的准确性一直是人们关心的问题，对场景图像的处理也不例外，对于给定的一张场景图像，究竟该将其归结为哪种情感语义类别总是难以确定。本书提出了一种基于Adaboost-PSO-BP神经网络的场景图像情感语义类别预测方法，首先改进了OCC情感模型，设计了一种融合情绪、性格等认知因素的情感建模方法，然后进行低层颜色特征到高层情感语义特征的映射，在对场景图像的情感语义类别预测时，将PSO算法优化的BP神经网络作为弱预测器，由Adaboost算法组合15个BP神经网络的输出构建强预测器，有效地提高了场景图像情感语义类别预测的准确率。

在对场景图像蕴含的情感语义做了大量的分析之后，实现高效检索是必须解决的一个问题。面对数量日益迅速增长的场景图像，传统的单节点架构方式已无法快速检索出人们需要的图像，有时甚至出现系统长时间无法响应的情况。为此，提出了一种处理大数据的基于MapReduce并行编程模式的大规模场景图像检索架构和方案，探讨了Hadoop集群后台并行处理的方法，设计了针对大规模场景图像的并行存储和检索方法，将分布式Mean Shift算法应用于场景图像的特征聚类中，实现了并行聚类和特征匹配，实验从检索的平均准确率、系统的加速比与效率、数据伸缩率等方面验证了提出的方案可大大提高检索效率。

7.2 研究展望

大规模场景图像的情感语义分析和检索技术是一个跨学科、具有一定挑战性的热点研究课题，具有广阔的应用前景和实用价值，其研究涉及计算机视觉、人工智能、模式识别、心理学及数据库技术等多个学科。迄今虽然许多研究学者已在该领域取得了一些可喜的成绩，但完善成熟的方法和实用性很强的系统尚未出现。

通过博士学习期间的文献阅读和对研究课题的经验总结，对场景图像的处理技术等相关问题有了日趋加深的认识，同时对下一步的研究工作也有了一定的见解和思路，具体归纳为以下几点。

（1）深入研究低层视觉特征与高层语义之间的内在联系。搭建低层视觉特征与高层语义之间的桥梁，缩小二者之间的语义鸿沟一直是图像理解领域研究的热点课题，对低层视觉特征和高层语义之间内在联系的研究是突破图像情感语义分析和检索的必经之路，本书虽然取得了一些成果，但还有许多相关的问题需要逐步解决和处理。只有在前人研究的基础之上，不断地向更深、更广的方向推进，才能从根本上清楚图像情感语义理解的障碍。

（2）进一步优化情感建模方法。选择合理的情感建模方法是准确量化场景图像情感语义的关键。认知因素在情感建模中起着更大的作用，如何选取更好的情绪、性格模型，以及增加更多的认知因素到情感模型中来，使得建立的情感模型更加符合人类的情感，这也是一个有待深入研究的问题。

（3）改进分布式并行处理架构。随着场景图像数量的增多，无疑需要调整Hadoop分布式架构中的节点数和相关系数，以提高系统相关的数据存储、数据处理及检索能力；同时，还需要考虑系统的安全性和可靠性。

（4）优化场景图像并行聚类算法。Mahout环境下实现了部分数据挖掘算法，但还处于研究阶段，如何将传统的单节点环境下运行效率较好的特征聚类算法在Mahout分布式环境下实现，进一步提高检索的准确率和效率也是今后需要研究探讨的问题。

（5）研究机构合作，促进成果的共享。大规模图像的情感语义分析和检索是全球数字图像理解领域的研究学者共同面对的课题，只有研究机构之间互相合作、实现资源共享和成果交流才可避免许多重复性工作，并能推动该领域的快速发展，这无疑也是今后学术研究的一个方向。

参考文献

[1] Henderson J. M., Hollingworth M.. High-level scene perception[J]. Annual Review of Psychology, 1999 (50): 243-271.

[2] Xiao J, Hays J, Ehinger K, Oliva A, Torralba A. SUN Database: Large-scale Scene Recognition from Abbey to Zoo[C]. San Francisco, USA: IEEE Conference on Computer Vision and Pattern Recognition, 2010: 3485-3492.

[3] 黄传波. 基于视觉感知和相关反馈机制的图像检索算法研究[D]. 南京: 南京理工大学, 2011.

[4] ISO/IEC JTC1/SC29/WG11N6828, MPEG-7 Overview (version 10) [S], ISO/IEC JTC1/SC29, 2000.

[5] Smeulders A W M, Worring M, Santini S, et al. Content-based image retrieval at the end of the early years [J]. IEEE Transactions on Pattern Analysis and Machine Intelligence, 2000, 22 (12): 1349-1380.

[6] 贺玲, 吴玲达, 蔡益朝. CBIR 中的索引技术综述[J]. 小型微型计算机系统. 2006, 27 (1): 141-145.

[7] 温超, 耿国华. 基于内容图像检索中的"语义鸿沟"问题[J]. 西北大学学报（自然科学版）. 2005, 35 (5): 536-540.

[8] 吕进来, 相洁, 陈俊杰等. 基于感兴趣区域特征提取技术的情感语义研究[J]. 计算机工程与设计, 2010, 31 (3): 660-662, 666.

[9] http://www.afect.media.mit.edu.

[10] Kansei sessions, IEEE International Conference on Systems Man and Cybernetics[R]. Tokyo, Japan, 1999.

[11] 第一届中国中国情感计算及智能交互学术会议, 北京, 2003.

[12] 第一届国际情感计算及智能交互学术会议, 北京, 2005.

[13] 斯托曼,著. 情绪心理学[M]. 张燕云,译. 沈阳: 辽宁人民出版社, 1987.

[14] Yuichi Kobayashi, Toshikazu Kato. Multi Contrast Based Texture Model for Understanding Human Subjectivity[C]. 15th International Conference on Pattern Recognition, Barcelona, Spain, 2000: 3917–3922.

[15] 毛峡, 丁玉宽, 牟田一弥. 图像的情感特征分析及其和谐感评价[J]. 电子学报, 2001, 29 (12A): 1923–1927.

[16] 王上飞，陈恩红，王胜惠，王煦法. 基于情感模型的感性图像检索[J]. 电路与系统学, 2003, 8(6)：48–52.

[17] Yoshida K, Kato T, Yanaru T. Image Retrieval System Using Impression words[J]. IEEE International Conference on Systems, Man, and Cybernetics, 1998, 3 (11–14): 2780–2784.

[18] Sung–Bae Cho, Joo–Young Lee. A Human–oriented Image Retrieval System Using Interaetive Genetic Algorithm[J]. IEEE Trans. On Systems Man and Cybernetics PartA, 2002, 32 (3): 452458.

[19] Colombo C, Del Bimbo A, Pala P. Semantics in visual informatin Retrieval[J]. IEEE Multlmedia.1999, 6 (3): 38–53.

[20] Baek S, Hwang M, Chung H, Kim P. Kansei factor space classified by inform ation for Kansei image modeling[J]. Applied Mathematics and Computa tion, 2008, 205 (2): 874–882.

[21] Shin Yunhee, Youngrae Kim, Eun Yi Kim. Automatic textile image annotation by predicting emotional concepts from visual features[J]. Image and Vision Computing, 2010, 28 (3): 526–537.

[22] 李娉婷, 石跃祥, 戴皇冠. 基于颜色特征的家居设计图分类[J]. 计算机工程, 2011, 37 (16): 224–226, 229.

[23] Andrew Ortony, Gerald L. Clore, Allan Collins. The Cognitive Structure of Emotions [M]. Cambridge, UK: Cambridge University Press, 1988.

[24] Elliott C. Multi–media communication with emotion driven believable agents[C]. In AAAI Spring Symposium on Believable Agents, Stanford University in Palo Alto, California,

1994.

[25] Yasmin Hernandezl, Julieta Noguez, Enrique Sucar, et al.. Incorporating an Affective Model to an Intelligent Tutor for Mobile Robotics[C]. Proeeedings of 36th ASEE/IEEE Frontiers in Edueation Conference, San Diego, 2006, 22-27.

[26] Rosalind W. Picard. Affeetive computing[M]. USA: MIT Press, 1997.

[27] Wang Y J, Wang Z L, Wang G J, et al. Research on an affective model[J]. Journal of Liaoning Technical University (National Science Edition), 2006, 25 (4): 635-637.

[28] Chen Y, He T. Affeetive computing model based on roughsets[C]. Proeeedings of ACII 2005, Beijing, China, 2005: 606-613.

[29] Kshirsagar S. A Multilayer Personality Model[C], In: SMARTGRAPH' 02: Proeeedings of the 2nd International Symposium on Smart Graphies, NewYork, 2002: 107-115.

[30] Gebhard Patrick. ALMA-A layered model of affect[C]. Proceedings of AAMAS 05, Utrecht, Netherlands, 2005: 177-184.

[31] 李海芳, 何海鹏, 陈俊杰. 性格、心情和情感的多层情感建模方法[J]. 计算机辅助设计与图形学学报, 2011, 23 (4): 725-729.

[32] Nicu S, Michael S L. Robust Color Indexing[A]. Proceeding of the 7th ACM International Conference on Multiinedia, New York, USA, 1999: 239-242.

[33] Strieker M, Orengo M. Similarity of Color Images[J]. SPIE Storage and Retrieval for Image and Video Databases, 1995, 2420: 381-392.

[34] Smith J R, Chang S. Tools and Techniques for Color Image Retrieval[J]. SPIE Storage and Retrieval for Image and Video Databases, 1996, 2670: 426-437.

[35] 黄志开. 彩色图像特征提取与植物分类研究[D]. 合肥: 中国科学技术大学研究院, 2006: 36-42.

[36] Haralick R M. Statistical and Structural Approaches to Texture[J]. Proceeding of the IEEE. 1979, 67 (5): 786-804.

[37] Haralick R M, Shanmugam K, Dinstein I. Textural Features for Image Classification[J]. IEEE Transactions on Systems, Man and Cybernetics, 1973, SMC-3 (6): 610-621.

[38]Tamura H, Mori S, Yamawaki T. Textural Features Corresponding to Visual Perception[J]. IEEE Transactions on Systems, Man and Cybernetics, 1978, 8 (6): 460–473.

[39] Hu M K. Visual Pattern Recognition by Moment Invariants[J]. IEEE Transactions on Information Theory, 1962, 8 (2): 179–187.

[40] Lowe D G. Distinctive Image Features from Scale–Invariant Keypoints[J]. International Journal of Computer Vision, 2004, 60 (2): 91–110.

[41] Luo J, Savakisa A E, Singhal A. A Bayesian Network–Based Framework for Semantic Image Understanding[J]. Pattern Recognition, 2005, 38 (6): 919–934.

[42] 江悦, 王润生, 王程. 采用上下文金字塔特征的场景分类[J]. 计算机辅助设计与图形学学报, 2010, 22 (8): 1366–1373.

[43] Oliva A, Torralba A. Modeling the shape of the scene: a holistic representation of the spatial envelope[J]. International Journal of ComputerVision, 2001, 42 (3): 145–175.

[44] Mojsilovic A, Gomes J, Rogowitz B. Isee: Perceptual features for image library navigation[C]. Proceedings of SPIE Human vision and electronic imaging, SanJose, California, 2002, 4662: 266–277.

[45] Fan J, Gao Y, Luo H, Xu G. Statistical modeling and conceptualization of natural images[J]. Pattern Recognition, 2005, 38: 865–885.

[46] Julia Vogel, Bernt Schiele. Semantic Modeling of Natural Scenes for Content–Based Image Retrieval[J]. International Journal of Computer Vision, 2007, 72 (2): 133–157.

[47] Gemert J C, Geusebroek J, Veenman C J, Snoek C G M, Smeulders A W M. Robust scene categorization by learning image statistics incontext[C]. In Proceedings of the 2006 Conference on Computer Vision and Pattern Recognition, Semantic Learning Workshop, 2006.

[48] Jiebo Luo, Andreas E. Savakis, Amit Singhal. A Bayesian network–based framework for semantic image understanding[J]. Pattern Recognition, 2005, 38 (6): 919–934.

[49] Li Q Y, Luo S W, Shi Z Z. Fuzzy aesthetic semantics description and extraction for art image retrieval[J]. Computers and Mathematics with Applications, 2009, 57 (6): 1000–1009.

[50] Giyoung Lee, Mingu Kwon, Swathi Kavuri Sri, Minho Lee. Emotion recognition based on 3D fuzzy visual and EEG features in movie clips[J]. Neurocomputing, 2014, in Press.

[51] 张海波, 黄铁军, 修毅, 赵野军, 章江华. 基于神经网络的男西装图像情感语义识别[J]. 纺织学报, 2013, 34 (12): 138-143.

[52] Alemu Y, Koh J, Ikram M, et al. Image retrieval in multimedia databases: A survey[J]. Proc. Intelligent Information Hiding and Multimedia Signal (2009.IIH-MSP'09). Fifth International Conference on IEEE, 2009: 681-689.

[53] Swain M J, Ballard D H. Color indexing. International Journal of Computer Vision[J]. 1991, 7 (1): 11-32.

[54] Rui Y, Huang, T S. Image retrieval: Current techniques, promising directions, and open issues[J]. Journal of Visual Communication and Image Representation, 1999, 10: 39-62.

[55] Brnuelli R, Mich, O. Histograms analysis for image retrieval[J]. Pattern Recognition, 2001, 34 (8): 1625-1637.

[56] Chun Y D, Seo S Y, Kim N C. Image retrieval using BDIP and BVLC moments[J]. IEEE Transactions on Circuits and Systems for Video Technology, 2003, 13 (9): 951-957.

[57] Ko B C, Byun H. FRIP: A region-based image retrieval tool using automatic image segmentation and stepwise Boolean AND matching [J]. IEEE Transactions on Multimedia, 2005, 7 (1): 105-113.

[58] Hurtut T, Gousseau Y, Schmitt F. Adaptive image retrieval based on the spatial organization of colors[J]. Computer Vision and Image Understanding, 2008, 112 (2): 101-113.

[59] Lin C H, Chen R T, Chan Y K. A smart content-based image retrieval system based on color and texture feature[J]. Image and Vision Computing, 2009, 27 (6): 658-665.

[60] Lin C H, Lin W C. Image retrieval system based on adaptive color histogram and texture features[J]. Computer Journal, 2010, 54 (7): 1136-1147.

[61] Haralick R M, Shanmugam B, Dinstein I. Texture features for image classification[J]. IEEE Transactions on Systems, Man, and Cybernetics, 1973, 3(6), 610-621.

[62] Huang P W, Dai S K. Image retrieval by texture similarity[J]. Pattern Recognition, 2003, 36 (3): 665-679.

[63] Jhanwar N, Chaudhurib S, Seetharamanc G, Zavidovique B. Content based image retrieval using motif co-occurrence matrix[J]. Image and Vision Computing, 2004, 22 (14):

1211–1220.

[64] Moghaddam H A, Khajoie T T, Rouhi A H, Tarzjan M S. Wavelet correlogram: A new approach for image indexing and retrieval[J]. Pattern Recognition, 2005, 38 (12): 2506–2518.

[65] Hafiane A, Zavidovique B. Local relational string and mutual matching for image retrieval[J]. Information Processing and Management, 2008, 44 (3): 1201–1213.

[66] Liu G H, Yang J Y. Image retrieval based on the texton co–occurrence matrix[J]. Pattern Recognition, 2008, 41(12), 3521–3527.

[67] Wei C H, Li Y, Chau W Y, Li C T. Trademark image retrieval using synthetic features for describing global shape and interior structure[J]. Pattern Recognition, 2009, 42 (3): 386–394.

[68] Lin C H, Chan Y K, Chen K H, Huang D C, Chang Y J. Fast color spatial feature based image retrieval methods[J]. Expert Systems with Applications, 2011, 38 (9): 11412–11420.

[69] Eakins J P. Automatic image content retrieval–are we getting anywhere? [C]. ELVIRA–PROCEEDINGS–, 1996: 121–134.

[70] Wang W, Wu Y, Zhang A. A semantic–sensitive distributedimage retrieval system[J]. Proc. 2003 annual national conference on Digital government research. Digital Government Society of North America, 2003: 1–4.

[71] Wang J. Z, Li J, Wiederhold G. Semantics–sensitive integrated matching for picture libraries[J]. Pattern Analysis and Machine Intelligence, IEEE Transactions on, 2001, 23 (9): 947–963.

[72] Ferecatu M, Boujemaa N, Crucianu M. Semantic interactive image retrieval combining visual and conceptual content description[J]. Multimedia systems, 2008, 13 (5–6): 309–322.

[73] Lakdashti A, Shahram Moin M, Badie K. Semantic–based image retrieval: A fuzzy modeling approach[J]. Computer Systems and Applications, IEEE/ACS International Conference on. IEEE, 2008: 575–581.

[74] Singh N, Dubey S R, Dixit P, et al. Semantic Image Retrieval by Combining Color, Texture and Shape Features[J]. Computing Sciences (ICCS), 2012International Conference on. IEEE, 2012: 116–120.

[75] Patil P B, Kokare M. Semantic Image Retrieval Using Relevance Feedback[J]. International Journal of Web & Semantic Technology, 2011, 2 (4): 303–310.

[76] Yoshida K, Kato T, Yanaru T. Image retrieval system based on subjeetive interpretation. Methodologies for the conception[A]. Design and Application of Soft Computing, Proceedings of IIZUKA'98, 1998: 247–250.

[77] Yoshida K, Kato T, Yanaru T. lmage retrieval system using impression words[A]. 1998 IEEE International Conferenceon Systems, Man, and Cybernetics, 1998, 3: 2780–2784.

[78] Yoshida K, Kato T. Learning of Personal visual impression fo rimage database systems [A]. Proc. 2nd Int. Conf. Document Analysis and Reeognition, 1993, 547–552.

[79] Ozaki K, Abe S, Yano Y. Semantic retrieval on art museum database system[A]. IEEE International Conference on Systems, Man, and Cybernetics, 1996, 3: 2108–2112.

[80] Nadia Bianchi–Berthouze. Mining multimedia subjective feedback[J]. Journal of Intelligent Information System, 2002, 19 (l): 43–59.

[81] Bianchi–Berthouze N, Kato T. K–DIME: An adaptive system to retrieval images from the Web using subjective criteria[A]. IEEE International Conference on System Man and Cybernetic'99, Tokyo, Japan, 1999, 6: 358–362.

[82] Nadia Bianchi–Berthouze, Toshikazu Kato. Supervised Self–Organization of User's Kansei Model for Image Retrieving[A]. 2nd International Conference on Cognitive Technology (CT'97), Aizu, Japan, 1997: 25–28.

[83] Bianchi–Berthouze N, Lisetti C L. Modeling multi–model expression of user's affeetive subjective experience[J]. USER MODEL USER–ADAP, 2002, 12 (l): 49–84.

[84] 王上飞, 陈恩红, 王煦法. 基于内容的交互式感性图像检索[J]. 中国图像图形学报, 2001, 6 (10): 969–973.

[85] 王上飞, 陈恩红, 王煦法. 基于感性的图像评估与检索[J]. 模式识别与人工智能, 2001, 14 (3): 297–301.

[86] Wang S F, Wang X F, et al. Interactive Kansei–Oriented image retrieval[Z]. LNCS2252 AMT01, Hong Kong, China, 2001: 377–388.

[87] Wang S F, Wang X F, et al. Image retrieval based on an artificial emotion model[Z]. ICONIP-2001, Shanghai, China, 2001: 725-729.

[88] Wiggins J S. The five-factor model of personality: theoretical perspective[M]. New York: Guilford Press, 1996.

[89] Mehrabian A. Pleasure-Arousal-Dominance: a general framework for describing and measuring individual differences in temperament[J]. Current Psychology, 1996, 14 (4): 261-292.

[90] Big data, http: / /en.wikipedia.org /wiki /Big_data.

[91] Big data, http: / /www.gartner.com/it-glossary /big-data.

[92] 孟小峰, 慈祥. 大数据管理：概念、技术与挑战[J]. 计算机研究与发展, 2013, 50 (1): 146-169.

[93] Alicia Fernández, ÁlvaroGómez, FedericoLecumberry, ÁlvaroPardo, Ignacio Ramírez. Pattern Recognition in Latin America in the "Big Data" Era[J]. Pattern Recognition, 2014, In Press.

[94] Times N Y. Power, Pollution and the Internet[EB/OL]. [2012-10-02]. http://www.nytimes.com/2012/09/23/technology/data-centers-waste-vast-amounts-of-energy-belying-industry-image.html?pagewanted=all.

[95] Tineye, http://www.tineye.com/, 2012.

[96] Google Image, http://images.google.com/, 2012.

[97] Flickr, http://www.flickr.com/, 2012.

[98] J. Deng, W. Dong, R. Socher, L. J. Li, K. Li and L. Fei-Fei. ImageNet: a large-scale hierarchical image database[J]. IEEE Conference on Computer Vision and Pattern Recognition, 2009: 248-255.

[99] SUN Database, http://groups.csail.mit.edu/vision/SUN/, 2012.

[100] 罗沙琳德・皮卡德，著. 情感计算[M]. 罗森林，译. 北京: 北京理工大学出版社, 2005.

[101] 仇德辉. 数理情感学[M]. 湖南: 湖南人民出版社, 2001.

[102] 黄木生, 柳咏心. 行为学构架下的大学生行为特征调查研究[J]. 湖北成人教育学院学报, 2010, 16 (1): 1-10.

[103] THOMAS L S. The Analytic Hierarchy Process [M]. 2nd ed, Pittsburgh PA: RWS Publica-

tions, 1996.

[104] Plataniotis KN, Venetsanopoulos A N. Color Image Processing and Applications[M]. Berlin: Springer, 2000.

[105] Stanchev P L, Green Jr D, Dimitrov B. High level color similarity retrieval[J]. Int. J. Inf. Theories Appl, 2003, 10 (3): 363–369.

[106] Shi R, Feng H, Chua T S, Lee C H. An adaptive imagecontent representation and segmentation approach to automatic image annotation[J]. International Conference on Image and Video Retrieval(CIVR), 2004: pp. 545–554.

[106] Mezaris V, Kompatsiaris I, Strintzis M G. An ontology approach toobject–based image retrieval[J]. Proceedings of the ICIP, 2003, 2: 511–514.

[107] Manjunath B S, et al.. Color and texture descriptors[J]. IEEE Trans.CSVT. 2001, 11 (6): 703–715.

[108] Jing F, Li M, Zhang L, Zhang H J, Zhang B. Learning in region–based image retrieval[J]. Proceedings of the International Conferenceon Image and Video Retrieval (CIVR2003), 2003: 206–215.

[109] Chang E, Tong S. SVM active–support vector machine active learning for image retrieval[J]. Proceedings of the ACM International Multimedia Conference, 2001: 107–118.

[110] Manjunath B S, et al.. Introduction to MPEG–7[M]. New York: Wiley, 2002.

[111] Hua K A, Vu K, Oh J H. Sam Match: a flexible and efficient sampling–based image retrieval technique for large image databases[J]. Proceedings of the Seventh ACM International MultimediaConference (ACM Multimedia'99), 1999: 225–234.

[112] Wang W, Song Y, Zhang A. Semantics retrieval by content and context of image regions[J]. Proceedings of the 15th International Conference on Vision Interface (VI'2002), 2002: 17–24.

[113] 石美红, 申亮, 龙世忠等. 从RGB到HSV色彩空间转换公式的修正[J]. 纺织高校基础科学学报, 2008, 21(3): 351–356.

[114] 孙君顶, 赵珊. 图像低层特征提取与检索技术[M]. 北京: 电子工业出版社, 2009, 49–85.

[115] 李巧玲. 基于内容的图像检索技术研究[D]. 西安: 西安科技人学, 2011.

[116] 张磊. 基于机器学习的图像检索若干问题研究[D]. 山东: 山东大学, 2011.

[117] Li Q Y, Shi Z P, Shi Z Z. Linguistic Expression Based Image Description Framework and its Application to Image Retrieval [J]. Soft Computing in Image Processing–Recent Advances Series: Studies in Fuzziness and Soft Computing, 2007, 210: 97–120.

[118] Ritendra Datta, Dhiraj Joshi, Jia Li, James Wang. Studying aesthetics in photographic images using a computational approach, Proceedings of European Conference on Computer Vision (ECCV), 2006 (3) 288–301.

[119] Picard R W. Affective Computing [M]. London: MIT Press, 1997.

[120] Mehrabian A. Pleasure–Arousal–Dominance: a general framework for describing and measuring individual differences in temperament [J]. Current Psychology, 1996, 14(4): 261–292.

[121] Gebhard P. ALML–A Layered Model of Affect [C]//German Research Center for Artificial Intelligence(DFKI). AAAMAS' 05. New York: ACM Press, 2005: 31–34.

[122] Mehrabian A. Analysis of the big–five personality factors in term of the PAD temperament mode [J]. Australian journal of Psychology, 1996, 48(2): 86–92.

[123] Kennedy J, Eberhart R. C.. Particle swarm optimization[C]// Proceedings of the 4th IEEE International Conference on Neural Networks.Piscataway: IEEE Service Center, 1995: 1942–1948.

[124] 田旭光, 宋彤, 刘宇新. 结合遗传算法优化BP神经网络的结构和参数[J]. 计算机应用与软件, 2004, 21(6): 69–71.

[125] http://lucene.apache.org/.

[126] http://nutch.apache.org/.

[127] Sanjay Ghemawat, Howard Gobioff, Shun–Tak Leung.The Googl File System[C]. Pro–Ceedings of the 19th ACM Symposium on Operating Systems Principles. Bolton Landing: ACM, 2003, 29–43.

[128] Jeffrey Dean, Sanjay Ghemawat. Mapreduce: simplified data processing on large clusters[C]. Proceedings of the 6th Symposium on Operating Systems Design and Implementat. on.

San Francisco: Google Inc, 2004, 107-113.

[129] 朱为盛, 王鹏. 基于Hadoop云计算平台的大规模图像检索方案[J]. 计算机应用, 2014, 34(3): 695-699.

[130] Goller A, Glendinning I, Bachmann D, et al. Parallel and distributed processing[M]// Digital Image Analysis. Berlin: Springer-Verlag, 2001: 135-153.